NHK
趣味の園芸

12か月
栽培ナビ

6

かんきつ類
レモン、ミカン、キンカンなど

三輪正幸
Miwa Masayuki

写真：キンカン（撮影：福岡将之）

12か月
栽培ナビ
Citrus

目次
Contents

本書の使い方 ………………………………………… 4

柑橘類栽培の基本　5

柑橘類はどんな植物？ …………………………… 6
生育の特徴と栽培上の注意点 …………………… 7
育てる柑橘類を選ぶポイント …………………… 8
育ててみたい柑橘類の種類と品種 ……………… 10
主な柑橘類の系図 ………………………………… 28

Column

柑橘類の種類と品種 …… 9　　斑入りの柑橘類を楽しもう …… 13
寒害に注意！ …… 35　　鉢の植え替えのサイン …… 39
酸度の調整 …… 42　　春枝、夏枝、秋枝を見分けるポイント …… 47
観察しよう！ 有葉花と直花 …… 51
つぎ木を成功させる2つのポイント …… 53
観察しよう！ 完全花と不完全花 …… 55
水分ストレスと甘み …… 67　　生傷に注意！ …… 70
鳥獣害対策 …… 73　　寒冷地では一斉収穫もできる …… 75

12か月栽培ナビ　31

　　柑橘類の年間の作業・管理暦 ………………… 32
　1月　収穫／落ち葉と枯れ枝の処分 ……………… 34
　2月　春肥（元肥）／収穫／落ち葉と枯れ枝の処分 … 36
　3月　収穫／鉢の植え替え／庭への植えつけ／
　　　　剪定／タネまき ………………………… 38
　4月　収穫／鉢の植え替え、庭への植えつけ／剪定／
　　　　タネまき／つぎ木 ……………………… 50
　5月　収穫／人工授粉 ……………………………… 54
　6月　夏肥（追肥1）／収穫／夏枝の間引き ……… 56
　7月　収穫／摘果／人工授粉／夏枝の間引き …… 58
　8月　収穫／摘果／夏枝の間引き ………………… 62
　9月　初秋肥（追肥2）／鉢の植え替え／収穫／
　　　　摘果／秋枝の間引き ………………………… 64
　10月　鉢の植え替え／収穫／果実の貯蔵 ………… 66
　11月　秋肥（お礼肥）／鉢の植え替え／収穫／
　　　　果実の貯蔵／防寒対策 ……………………… 72
　12月　収穫／果実の貯蔵 …………………………… 74

写真で見分ける病害虫とそのほかの障害　76

もっとうまく育てるために　82

　　苗木の選び方 ……………………………………… 82
　　道具をそろえよう ………………………………… 84
　　タネまきにチャレンジしよう …………………… 85
　　仕立て方と樹形 …………………………………… 86
　　施肥のポイント …………………………………… 88
　　防寒対策 …………………………………………… 90
　　実つきが悪い場合の対処法 ……………………… 92
　　食べ方 ……………………………………………… 94

本書の使い方

ナビちゃん
毎月の栽培方法を紹介してくれる「12か月栽培ナビシリーズ」のナビゲーター。どんな植物でもうまく紹介できるか、じつは少し緊張気味。

本書は柑橘類の栽培にあたって、1月から12月に分けて、月ごとの作業や管理を詳しく解説しています。また、主な種類・品種の解説や病害虫の防除法などを、わかりやすく紹介しています。

＊「柑橘類栽培の基本」

（5〜30ページ）では、柑橘類の特徴や栽培上の注意点、種類や品種の紹介、選ぶ際のポイントなどを紹介しています。

＊「12か月栽培ナビ」

（31〜75ページ）では、月ごとの主な管理と作業を、初心者でも必ず行ってほしい 基本 と、中・上級者で余裕があれば挑戦したい トライ の2段階に分けて解説しています。作業の手順は、適期の月に主に掲載しています。

今月の管理の要点をリストアップ ←

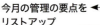

基本
初心者でも必ず行ってほしい作業

トライ
中・上級者で余裕があれば挑戦したい作業

→ 今月の作業をリストアップ

＊「写真で見分ける病害虫とそのほかの障害」

（76〜81ページ）では、柑橘類に発生する主な病害虫とそのほかの障害への対策方法を解説しています。

＊「もっとうまく育てるために」

（82〜95ページ）では、より深い柑橘類の情報を記載しています。

● 本書は関東地方以西を基準にして説明しています。地域や気候により、生育状態や開花期、作業適期などは異なります。また、水やりや肥料の分量などはあくまで目安です。植物の状態を見て加減してください。

● 種苗法により、種苗登録された品種については譲渡・販売目的での無断増殖は禁止されています。また、品種によっては、自家用であっても譲渡や増殖が禁止されており、販売会社と契約書を交わす必要があります。つぎ木などの栄養繁殖を行う場合は事前によく確認しましょう。

柑橘類 栽培の基本
かんきつるい

国内で入手できる柑橘類は100種類以上。
どれも個性的で、味わい豊か。
何を育てようか悩むのも
栽培の醍醐味です。

Citrus

柑橘類はどんな植物？

柑橘類とは

　柑橘類とは、ミカン科の植物のうち、カンキツ属、キンカン属、カラタチ属に属する植物のことです（まとめてミカン属とする場合もある）。

　祖先となる植物（原生種）は2000〜3000万年前にインド東北部から中国南部で誕生したと推測されており、総じて寒さに弱いのが特徴です。現在までに非常に多くの種類や品種が世界各地で生み出されており、どの文献にも推測数さえ、記載されていません。

年中いずれかの柑橘類が収穫可

　開花期は種類や品種にかかわらず主に5月(*1)ですが、収穫期はスダチの8月から始まり、翌年7月のバレンシアオレンジまで毎月のようにあり、年中いずれかの柑橘類が収穫できるのも特徴といえます（下図）。

　果実のサイズは直径1cmの'マメキンカン'から25cmのバンペイユまでと幅があり、果実の色も橙色や黄色、緑色などがあって、多彩な甘酸や香り、食感を味わうことができます。

*1 キンカンなどは主に7月ごろに開花する

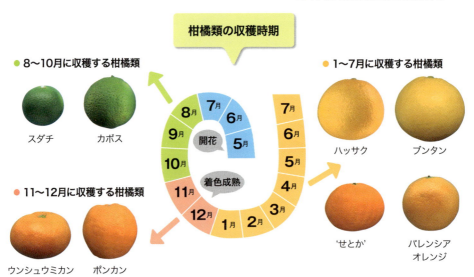

柑橘類の収穫時期

生育の特徴と栽培上の注意点

寒さに弱い
冬でもすべての葉が落ちない常緑果樹（*2）のため、総じて寒さに弱い。耐寒性（8ページ参照）に応じて対策をとる。

酸味が抜けたら収穫
果実が完全に色づいても、酸味が強くて食べることができない種類や品種がある（68ページ参照）。酸味が抜けたら収穫する。

隔年結果しやすい
果実をならせすぎると翌年に果実がならなくなることがある（隔年結果）。7～9月に摘果（60～61ページ参照）することで防ぐことができる。

肥料食い
春枝、夏枝、秋枝と年に3回、枝が発生するので肥料を多く必要とする。年間3～4回に分けて肥料を施す（88～89ページ参照）。

受粉樹はほとんど不要
基本的には苗木1本でも実つきがよい。ただし、ハッサクやブンタンなど一部の種類や品種では受粉樹が必要な場合があるので注意（82ページ参照）。

とげがある
レモンやユズなどでは特に大きなとげがある。危険なほか、果実や枝葉が傷つくおそれがあるので、見つけしだい、切り取るとよい（9、49ページ参照）。

鉢植えで育てられる
どんな柑橘類も例外なく鉢植えにできる。コンパクトになるほか、実つきがよくなるメリットも。置き場を変えて、寒さや日当たりを調節するとよい（90ページ参照）。

*2 カラタチは落葉果樹

育てる柑橘類を選ぶポイント

味で選ぶ

まずは好みの味の柑橘類を選ぶことをおすすめします。収穫が待ち遠しければその分、管理作業もていねいになるはずです。

耐寒性で選ぶ

耐寒性は種類や品種によって異なります（右図参照）。庭植えする場合は、居住地の最低気温よりも耐寒気温が高い柑橘類を選びましょう。育てたい柑橘類の耐寒気温が最低気温よりも低い場合は、鉢植えにして冬の置き場を工夫します（90ページ参照）。

収穫時期で選ぶ

5月の開花を起点に考えて、収穫時期が早いほうが果実が病害虫の被害にあうリスクが少ないので、初心者にはおすすめです。また、果実を樹上で越冬させて酸味が抜けた1～7月に収穫する柑橘類（68～69ページ参照）は、霜が降りるような寒冷地では寒さで果実が傷む可能性があります。選ぶのを避けるか、鉢植えにして冬の置き場を工夫しましょう（90ページ参照）。

柑橘類の耐寒気温

耐寒気温とは寒さに耐える気温のことで、下回ると枝葉が枯れ始めます。

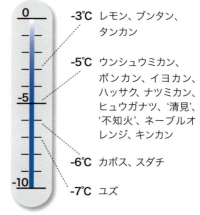

- -3℃ レモン、ブンタン、タンカン
- -5℃ ウンシュウミカン、ポンカン、イヨカン、ハッサク、ナツミカン、ヒュウガナツ、'清見'、'不知火'、ネーブルオレンジ、キンカン
- -6℃ カボス、スダチ
- -7℃ ユズ

参考：果樹農業振興基本方針（農林水産省、2015年）
育てたい柑橘類が上記にない場合は交配親や近い仲間（28～29ページ参照）の耐寒気温を参考にするとよい。

冬の寒さで白く変色したレモンの果実。寒冷地では樹上で越冬させるのが困難なので注意。

とげの多い、少ないで選ぶ

　どんな柑橘類でも少なからずとげがあります。幼木では多い傾向にありますが、木の生育とともに発生が少なくなり、成木になるとほぼ目立たなくなるのが一般的です。しかし、成木になってもとげが残るものもあります（右表）。

　とげが気になる場合は、これらの柑橘類は候補から除外するか、レモンでは'ビラフランカ'、キンカンでは'ぷちまる'のようにとげが小さく、発生が少ない品種を選ぶとよいでしょう。また、とげは切り取っても生育にはほとんど影響がないので、見つけしだい、ハサミで切り取ることをおすすめします（49ページ参照）。

> **成木になってもとげが目立つ柑橘類**
> カラタチ、ユズ、レモン、キンカン、ハナユ、スダチ、カボス、ブンタン、'せとか'、'はるか' など。

とげは切り取っても問題ない。

Column

柑橘類の種類と品種

　自然条件下での交雑や突然変異、人の手による交配によって生み出された個体のうち、有益な性質をもち、ほかの個体と明確な区別ができるものを品種といい、' 'で囲んで表記します。一方、生み出された個体が長年にわたって栽培され、似たような品種が多く生み出されてグループになったものを本書では種類と呼び、品種と区別しています。例えば、ウンシュウミカンという種類の柑橘類は、'宮川早生' や '青島早生' などの品種がまとまって構成されます。

ウンシュウミカン	キンカン
'宮川早生' '南柑20号' '青島温州'	'ニンポウキンカン' 'オオミキンカン' 'ぷちまる'

レモン	
'リスボン' 'ユーレカ' 'ビラフランカ'	'せとか' 'はるか' '天草'

緑字：種類名、' '：品種名

育ててみたい
柑橘類の種類と品種

＊収穫のタイプは68ページ、食べ方は94〜95ページを参照。
＊品種や品種に準じて利用されるものを‘ ’で囲んで表記する。

ミカン類

ミカン類とは
ウンシュウミカンなどの小〜中型で果皮がむきやすい柑橘類。世界的にはマンダリン、タンジェリンなどと呼ばれる。

ウンシュウミカン

収穫適期：9〜12月　果実重：100〜150g
収穫のタイプ：Ⅰ、Ⅱ　食べ方：B、C

日本原産の定番のミカン類で、ミカンといえば本種を指すことが多い。200を超える品種があるとされ、極早生温州は9月、早生温州は10〜11月、中生温州や普通温州は11月、晩生温州は12月に収穫できる。一般的にタネなしだが、近くにハッサクなどの花粉が多い柑橘類を植えるとタネが入ることがある。

‘宮川早生’　早生温州。果皮が薄くて、味は濃厚。貯蔵性が高い。

‘南柑20号’　中生温州。果色が濃く、酸味が少なく甘みが強い。

‘青島温州’　晩生温州。大果で貯蔵性に優れるが、樹勢が強い。

ポンカン

収穫適期：12月　果実重：150〜200g
収穫のタイプ：Ⅱ　食べ方：B、C

インド原産のミカン類で、アジアのほかにブラジルなどにも分布している。温暖地で栽培すると品質がよい果実が収穫できる傾向にある。‘太田ポンカン’、‘吉田ポンカン’、‘森田ポンカン’などの品種がある。酸味が残っている場合は、1〜2月まで貯蔵してから食べてもよい。

‘太田ポンカン’　大果で貯蔵性に優れるが樹勢が強い。

収穫のタイプ　Ⅰ 緑色の果実を収穫する、Ⅱ 完全着色したら収穫する、Ⅲ 酸味が抜けるまで収穫を待つ

タチバナ（橘）

収穫適期：11～12月　果実重：40g
収穫のタイプ：Ⅱ　食べ方：F

古くから野生化しており、『日本書紀』に記載があるとされる。完熟しても酸味が強く、利用法では主に香酸柑橘類だが、本書ではミカン類として紹介する。

キシュウミカン（紀州ミカン）
[別名：サクラジマコミカン]

収穫適期：12月　果実重：40～50g
収穫のタイプ：Ⅱ　食べ方：B、C

ウンシュウミカンが出回る明治以前は、ミカン類といえば本種が定番だった。'無核紀州' などの品種もある。鹿児島県特産のサクラジマコミカンは本種と同じもの。

'アンコール'

収穫適期：2～4月　果実重：100～150g
収穫のタイプ：Ⅲ　食べ方：B、C

アメリカで育成された品種で、キングマンダリンと地中海マンダリンの雑種。果皮も果肉も濃い橙色。

'カラ'

収穫適期：4～5月　果実重：150g
収穫のタイプ：Ⅲ　食べ方：B、C

ウンシュウミカンとキングマンダリンの雑種でアメリカから導入された。愛媛県の特産で輸入果実も初夏に出回っている。

'南津海'

収穫適期：4～5月　果実重：150g
収穫のタイプ：Ⅲ　食べ方：B、C

'カラ' と '吉浦ポンカン' の雑種で、強い甘みが特徴。ミカン類のなかでは酸味が抜けるのが遅い。

食べ方　B 果皮をむいて小袋ごと、C 果皮をむいて小袋もむく、F 果汁を搾るか、加工する

スイートオレンジ類

スイートオレンジ類とは
甘みが強く酸味が弱いオレンジの仲間で、世界の柑橘生産量の7割近くを占めるといわれる。温暖地を好み、日本では適地が限られる。

'白柳ネーブル' 酸味が少なく、1〜2月に食べることができる品種。

ネーブルオレンジ

収穫適期：1〜2月　果実重：220〜300g
収穫のタイプ：Ⅲ　食べ方：D

ネーブルとは英語で「へそ」の意味で、果実の軸（果梗(こう)）とは反対側が、盛り上がっているのが特徴。'白柳ネーブル'、'清家ネーブル'、'森田ネーブル' などの品種があり、バレンシアオレンジよりも酸味が抜けるのが早くて日本でもつくりやすい。ほとんどタネがないのもうれしい特徴。

ネーブルオレンジのような「へそ」がないので区別できる。

バレンシアオレンジ

収穫適期：6〜7月　果実重：200〜250g
収穫のタイプ：Ⅲ　食べ方：D

世界的には最も生産量が多い柑橘類の仲間。日本では越冬中の寒さによる果実の寒害（8ページ参照）や、5月以降に果実が橙色から緑色に戻る「回青(かいせい)」（80ページ参照）が発生しやすいため、高品質の果実がつくりにくいが、最近では国内での産地も拡大している。

ブラッドオレンジ

収穫適期：2〜3月　果実重：170〜200g
収穫のタイプ：Ⅲ　食べ方：D

地中海周辺が原産のオレンジ類で、果皮や果肉にアントシアニン色素を含むため、赤く色づく。'タロッコ'、'モロ'、'サンギネロ' などの品種がある。酸味が抜けにくい場合は、4月ごろまで貯蔵してもよい。

サワーオレンジ類

サワーオレンジ類とは
酸味が特に強いオレンジの仲間で、ダイダイ類とも呼ばれる。下記のほかにサワーオレンジなどがある。

ダイダイ

収穫適期：10〜12月　果実重：180〜250g
収穫のタイプ：Ⅱ　食べ方：F

別名カブス、回青橙（かいせいとう）。酸味が強いので生食には適さない。子孫代々の繁栄を祈るために、正月の鏡餅の上にのせる果実は主に本種を用いる。5月以降まで樹上につけておくと、果実の表面が橙色から緑色に戻る「回青」（80ページ参照）が発生しやすいので、遅くとも2月までに収穫するとよい。

ベルガモット

収穫適期：12月　果実重：140g
収穫のタイプ：Ⅱ　食べ方：F

ダイダイとライムの交雑種と推測されており、原産地のイタリアでは、果皮を圧搾して精油を得るために栽培される。精油はオーデコロンの原料や紅茶のアールグレイの香りづけに利用される。果肉には甘みが少なく生食には向かない。

Column

斑入りの柑橘類を楽しもう

葉や果実に白〜黄色の模様が入る斑入り柑橘類が豊富に存在します。主に観賞用ですが、果実は収穫して食用にもできます。

左上／斑入りダイダイ
左下／斑入りキンカン
右上／レモン'ピンクレモネード'の葉
右下／斑入りウンシュウミカンの葉

食べ方　Dくし型切りなどにする、F果汁を搾るか、加工する

タンゴール類

タンゴール類とは
　ミカン類（**tang**erine）とスイートオレンジ類（**or**ange）の交雑種の総称で、それぞれの文字を組み合わせた造語。ミカン類の果皮のむきやすさと、オレンジの香りをもつ人気種。

タンカン

M.Miwa

収穫適期：2～3月　果実重：150～200g
収穫のタイプ：Ⅲ　食べ方：B、C

中国原産で、スイートオレンジとポンカンもしくはほかのミカン類との雑種と推測されている。やや小ぶりだが甘みや香りが強く、食味の評価が高い。寒さに特に弱く、日本では主に鹿児島県以南で栽培されている。'タンカン垂水1号'などの品種がある。

'清見'
きよみ

M.Miwa

収穫適期：4月　果実重：200g
収穫のタイプ：Ⅲ　食べ方：D

日本で育成されたタンゴール類の先駆者的な品種で、現在栽培されている品種の育成親としての利用も多い（28ページ参照）。食味がよく、花粉をもたないのでタネが少ないが、果皮がむきにくいのが難点。受粉樹は不要だが、ほかの柑橘類の受粉樹には不向き。

'不知火'
しらぬひ

M.Miwa　NP-T.Narikiyo

収穫適期：2～3月　果実重：230g
収穫のタイプ：Ⅲ　食べ方：B、C

果梗につながる部分がふくらむデコを有する高品質な果実が特徴。よく耳にする「デコポン」は登録商標で、糖度13度以上、酸度1.0%以下などの基準をクリアし、日本園芸農業協同組合連合会（日園連）と契約した農業協同組合（JA）で出荷したものだけが使用できる。隔年結果しやすいので摘果が重要。

収穫のタイプ　Ⅱ 完全着色したら収穫する、Ⅲ 酸味が抜けるまで収穫を待つ

'せとか'

収穫適期：2～3月　果実重：250g
収穫のタイプ：Ⅲ　食べ方：D

タネが少なく小袋の膜（じょうのう膜）が薄くて食べやすく、糖度が高くて味も抜群なので近年人気が高まっている品種。成木になってもとげが残ることがあるが、とげの少ない性質をもった苗木も出回っている。

' 天草 (あまくさ) '

収穫適期：1月　果実重：200g
収穫のタイプ：Ⅲ　食べ方：D

果汁が豊富で果肉は柔らかく、とろっとした食感が人気のタンゴール。果皮が手ではむきにくいので、包丁などで切り分けるとよい。かいよう病（54ページ参照）に弱いので注意が必要。

'はれひめ'

収穫適期：12月　果実重：180g
収穫のタイプ：Ⅱ　食べ方：B、C

果皮がむきやすく年内に収穫できるので、ミカン類として分類されることが多いが、'清見' の血が入っていて、ウンシュウミカンとオレンジの特徴が現れているので、本書ではタンゴール類として紹介する。

' 麗紅 (れいこう) '

収穫適期：1月　果実重：210g
収穫のタイプ：Ⅲ　食べ方：B、C

果皮の橙色が濃くて光沢があり、外観が美しいのが特徴。オレンジのような香りと強い甘みがある。開花時にほかの柑橘類の花粉がかかるとタネが入るので注意する。

食べ方　B 果皮をむいて小袋ごと、C 果皮をむいて小袋もむく、D くし型切りなどにする

ブンタン類

ブンタン類とは
ブンタンの仲間の総称で、果実が大きく厚い果皮をもつのが特徴。グレープフルーツもブンタン類から発生したものなので、本書ではブンタン類として紹介する。

'土佐ブンタン'

ブンタン（文旦）

収穫適期：1〜2月　果実重：500〜2000g
収穫のタイプ：Ⅲ　食べ方：C

別名ザボン。主な品種に '土佐ブンタン'、'水晶ブンタン'、'平戸ブンタン' などがある。受粉樹としてナツミカンなどの花粉が多い柑橘類を近くに植えるとよい。酸味が強い場合は3〜4月まで貯蔵する。

'チャンドラポメロ'

収穫適期：3〜4月　果実重：1000〜2300g
収穫のタイプ：Ⅲ　食べ方：C

ブンタンとグレープフルーツの雑種と推測されており、果肉が赤みがかるのが特徴。受粉樹が必要でタネがたくさん入ると極大果が収穫できる。

'メイポメロ'

収穫適期：5〜6月　果実重：500〜600g
収穫のタイプ：Ⅲ　食べ方：C

ハッサクと '平戸ブンタン' との雑種で、味はブンタンの特徴をよく引き継いでいる。ほかのブンタン類よりも病害虫や寒さに強く、育てやすい。

'イエローポメロ'

収穫適期：5〜6月　果実重：500g
収穫のタイプ：Ⅲ　食べ方：C

'メイポメロ' と同じ交配親から作出された姉妹品種で、ブンタン類のなかでは最も晩生の品種。寒冷地では越冬中の寒さで落果しやすいので注意。

バンペイユ（晩白柚）

収穫適期：1〜2月　果実重：1500〜2500g
収穫のタイプ：Ⅲ　食べ方：C

国内最大級のサイズを誇る柑橘類で、果実のサイズが子どもの頭より大きい。大きいだけでなく、果肉も生でおいしく食べることができるが、果皮が厚くてむくのに手間がかかる。ブンタンの品種とされることもある。酸味が強ければ3〜4月まで貯蔵してから食べる。受粉樹が必要。

シシユ（獅子柚）

収穫適期：12月　果実重：1000〜1200g
収穫のタイプ：Ⅱ　食べ方：F

正式名はジャガタラユで別名は鬼柚子。東南アジアから持ち込まれたと推測されるものの詳細は不明。雑柑類に分類されることも多いが、本書ではブンタン類とした。酸味が強くて生食に向かず、正月飾りや加工用に利用される。

オオタチバナ（大橘）

収穫適期：2〜3月　果実重：600g
収穫のタイプ：Ⅲ　食べ方：C

サワーポメロ、天草文旦、パール柑など産地によって別名が多数。香りがよく、ジューシーでさわやかな味が特徴的。果皮が厚くて傷みにくいので貯蔵性が高く、初夏まで流通する。

グレープフルーツ

収穫適期：2〜5月　果実重：250〜500g
収穫のタイプ：Ⅲ　食べ方：D

西インド諸島でブンタンのタネから発生したといわれ、スイートオレンジ類との雑種と推測されている。'ダンカン'、'オロブランコ'、'マーシュシードレス' などの品種がある。イスラエル産の 'オロブランコ' は特にスウィーティーと呼ばれる。

'オロブランコ'

食べ方　C 果皮をむいて小袋もむく、D くし型切りなどにする、F 果汁を搾るか、加工する

タンゼロ類

タンゼロ類とは

　ミカン類（**tang**erine）とブンタン類（pom**elo**）の交雑種の総称で、それぞれの文字を組み合わせた造語。ミカン類の果皮のむきやすさと、ブンタン類の多汁性が期待される種類。

'スイートスプリング'

収穫適期：1〜2月　果実重：200〜250g
収穫のタイプ：Ⅲ　食べ方：C、D

'上田温州'とハッサクの雑種。ハッサクのように果皮がゴツゴツしていて外見はよくないが、果肉は柔らかく味には人気がある。開花時にほかの柑橘類の花粉がかかるとタネが入るので注意する。

'セミノール'

収穫適期：3〜5月　果実重：150〜200g
収穫のタイプ：Ⅲ　食べ方：B、C、D

グレープフルーツ'ダンカン'とダンシータンジェリンの雑種。果皮はなめらかで、赤橙色に美しく色づくのが特徴。豊産性で隔年結果も起こりにくい。耐寒性は−4℃程度。受粉樹が必要。

'ミネオラ'

収穫適期：3〜4月　果実重：150〜200g
収穫のタイプ：Ⅲ　食べ方：B、C、D

'セミノール'と同じ親をもつ姉妹品種。果実の軸（果梗）の付近のデコが特徴的で、輸入果実が初夏に流通して、知名度も高い。温暖地なら日本でも栽培できる。寒さに弱く、受粉樹が必要。

'フェアチャイルド'

収穫適期：12月　果実重：150g
収穫のタイプ：Ⅲ　食べ方：C

ミカン類の'クレメンタイン'とタンゼロ類の'オーランド'の雑種。果皮は濃い橙色で、果肉は柔らかくてジューシー。やや小ぶりだが食味がよい。

雑柑類

雑柑類とは
　国内で長年利用されてきた柑橘類のうち、由来が不明な雑種性のものを雑柑類としてまとめて紹介する。これらのなかにはブンタン類やタンゼロ類などに分類されるものも存在する。

ナツミカン

収穫適期：3〜5月　果実重：400〜500g
収穫のタイプ：Ⅲ　食べ方：C

正式名はナツダイダイで、酸味が抜ける初夏に収穫するため、ナツミカンと呼ばれる。ブンタンの血を引くとされる。山口県で誕生した、いわゆる普通ナツミカンに代わって、現在では突然変異で発生した'川野ナツダイダイ'（甘夏）、'新甘夏'、'紅甘夏'などが流通している。

'川野ナツダイダイ'（甘夏）　酸味が抜けるのが普通ナツミカンより少し早く（3〜4月）、食味も向上した品種。

'新甘夏'　別名ニューセブン、サンフルーツ、田ノ浦オレンジ。

'紅甘夏'　果皮や果肉の橙色が濃く、食味もよい。

ハッサク（八朔）

収穫適期：1〜2月　果実重：400g
収穫のタイプ：Ⅲ　食べ方：C

明治初期に誕生した中晩生柑橘で、ブンタンを親にもつタンゼロ類と推測されている。'和紅ハッサク'（紅ハッサク）、'農間紅ハッサク'などの品種がある。酸味が残っている場合は、3〜4月まで貯蔵してから食べてもよい。受粉樹が必要。

食べ方　B 果皮をむいて小袋ごと、C 果皮をむいて小袋もむく、D くし型切りなどにする

雑柑類

イヨカン（伊予柑）

収穫適期：1～2月　果実重：250g
収穫のタイプ：Ⅲ　食べ方：C

山口県で誕生し、愛媛県で盛んに栽培されているおなじみの柑橘類。'宮内イヨカン'、'勝山イヨカン' などの品種がある。タンゴール類やタンゼロ類に分類される場合もある。酸味が強ければ3～4月まで貯蔵するとよい。

'宮内イヨカン'　愛媛県で発見された定番品種。成熟が早く、多収。

ヒュウガナツ（日向夏）

収穫適期：4～5月　果実重：200～300g
収穫のタイプ：Ⅲ　食べ方：E

別名ニューサマーオレンジ、小夏。その性質からユズと血縁関係にあると推測されている。果皮の色が濃い 'オレンジ日向' やタネが少ない '室戸小夏' などの品種がある。実つきをよくするには受粉樹が必須。白い綿状の部位（アルベド）の苦みが少なく、食べることができる（95ページ参照）。

普通ヒュウガナツ　江戸時代に宮崎県で発見されたもの。

'オレンジ日向'　昭和に静岡県で発見された果皮が濃橙色の品種。

'室戸小夏'　昭和に高知県で発見されたタネが少ない品種。

'はるか'

収穫適期：2～3月　果実重：200g
収穫のタイプ：Ⅲ　食べ方：E

ヒュウガナツから誕生した雑柑類のニューフェイス。酸味が少なくて香りがよく、ぷるっとした食感が人気。ヒュウガナツと同じく果皮を薄くむいて、白色の綿状の部位（アルベド）ごと切り分けて食べる（95ページ参照）。

雑柑類

カワチバンカン（河内晩柑）

収穫適期：2〜4月　果実重：400〜500g
収穫のタイプ：Ⅲ　食べ方：B、C、D

美生柑、宇和ゴールド、ジューシーオレンジ、愛南ゴールドなど多数の別名で呼ばれている。外観や味から「和製グレープフルーツ」と評されることも。ブンタンの血を引くため、ブンタン類とされる場合もある。

M.Miwa

サンボウカン（三宝柑）

収穫適期：2〜4月　果実重：250〜300g
収穫のタイプ：Ⅲ　食べ方：C

果梗（果実の軸）の部分にデコが発生するのが特徴だが、'不知火'との直接的な血縁関係はない。江戸時代から栽培され、かつて和歌山県で盛んに栽培されていたが、す上がりが発生しやすく糖度も高くはないので、現在は減少傾向にある。

M.Miwa

キミカン

収穫適期：2〜4月　果実重：80g
収穫のタイプ：Ⅲ　食べ方：B、C、E

別名黄金柑、ゴールデンオレンジ。ユズとの血縁が推測されるが詳細は不明。小果で果皮がむきにくいが、香りや甘みが強くて食味がよいので人気がある。豊産性で家庭園芸向き。

M.Miwa

ヒョウカン（瓢柑）

収穫適期：4〜5月　果実重：300g
収穫のタイプ：Ⅲ　食べ方：C、D

果実がヒョウタンのように縦長であることから名づけられた。ブンタンと血縁関係があることが推測される。淡泊な味だが、外見の珍しさから一定の人気がある。'弓削瓢柑'などの品種がある。

M.Miwa

食べ方　B 果皮をむいて小袋ごと、C 果皮をむいて小袋もむく、D くし型切りなどにする、E 果皮を包丁でむいて切り分ける

キンカン類

キンカン類とは
キンカン属の柑橘類の総称で、果実が小さく、果皮ごと食べられるのが特徴。カンキツ属との交雑が可能で、オオミキンカンなどの交雑種が存在する。

キンカン

収穫適期：12〜3月　果実重：2〜30g
収穫のタイプ：Ⅱ、Ⅲ　食べ方：A

果皮が甘く果肉に酸味があり、7月に開花する珍しい柑橘類。最も流通量が多い品種は'ニンポウキンカン'（寧波金柑）で、続いてキンカンとミカン類との雑種といわれるオオミキンカン（大実金柑）が続く。最近ではタネが少なくとげが小さい'ぷちまる'が人気。春先まで樹上につけることができるが、木が傷むのでなるべく早く収穫したい。

'ニンポウキンカン'（寧波金柑）　定番のキンカンで、品種名が明記されていない苗木は本種の可能性が高い。

オオミキンカン（大実金柑）　正式名'チョウジュキンカン'（長寿金柑）。30g程度の大果がつくが、食味はよくない。

'ぷちまる'　タネが少なくて小さいのが最大の特徴。とげも小さくて少ないのでおすすめ。

'マメキンカン'（豆金柑）　別名金豆（きんず）。果実は2g程度で生食に適さない。盆栽などに利用される観賞用品種。

ナガキンカン（長金柑）　果実が長いのが特徴。果皮の甘みが弱く、果肉の酸味が強いので、最近ではあまり流通していない。

シトロン類

シトロン類とは
インド北東部で誕生した果皮が厚い柑橘類。ミカン類、ブンタン類と並んで多くの柑橘類と血縁関係にある。

シトロン

収穫適期：12月　果実重：100〜5000g
収穫のタイプ：Ⅱ　食べ方：E、F

厚い果皮が特徴。イタリアではチェドロという名前で流通しており、最大5kg程度の果実も見られる。果皮を薄くむいて食べるほか、果汁を料理に利用する。国内での流通量はきわめて少ない。

ブッシュカン（仏手柑）

収穫適期：12月　果実重：200g
収穫のタイプ：Ⅱ　食べ方：F

果実に切れ込みが入っており、仏の指に見立てて名づけられた。シトロンと同様に果皮が厚く果肉が薄く、仏壇などのお供え物としての利用が多いが、砂糖漬けなどにして食べることもある。

カラタチ類

カラタチ類とは
カラタチ属の柑橘類の総称で、葉が3枚に分かれ落葉性で鋭いとげをもつのが特徴。台木として利用される。

カラタチ

収穫適期：11〜12月　果実重：30〜40g
収穫のタイプ：Ⅱ　食べ方：F

果実は小さく、酸味や苦みが強いのでほとんど利用されない。多くの柑橘類との相性がよく、耐寒性や耐病性があるため、つぎ木の際に台木として利用される。変異種のヒリュウやウンリュウは矮性（低木性）がきわめて強い。

食べ方　A 果皮ごと、E 果皮を包丁でむいて切り分ける、F 果汁を搾るか、加工する

香酸柑橘類

香酸柑橘類とは
ミカン類〜カラタチ類は、血縁関係に基づいた分類法だが、香酸柑橘類は香りや酸味が強く、料理などに利用する柑橘類をまとめたもので、利用方法に基づいた分類法である。

レモン

収穫適期：10〜12月　果実重：100〜200g
収穫のタイプ：Ⅰ、Ⅱ　食べ方：F

柑橘類のなかでもトップクラスの人気を誇る。寒さに弱いので、温暖地以外では鉢植えで育て、冬の置き場を工夫するとよい。品種では、寒さに強く、とげが小さくて少ない'マイヤーレモン'が人気のほか、最近では新品種の'璃の香'に注目が集まっている。

'リスボン' 定番のレモンで、耐寒性が強いのが特徴。大木になりやすいので剪定が重要。

'ユーレカ' 枝が横に向かって伸びやすく、大木になりにくい。四季咲き性が強く、夏や秋にも開花することも。

'マイヤーレモン' レモンとオレンジ類（もしくはミカン類）との雑種。酸味が弱く、とげが少なく耐寒性が強い。

'ビラフランカ' とげが小さく少ない品種で、枝の発生も比較的少ない。

'璃の香' 'リスボン'とヒュウガナツを交配した新品種。寒さやかいよう病に強く、注目されている。

24　収穫のタイプ　Ⅰ 緑色の果実を収穫する、Ⅱ 完全着色したら収穫する

ユズ（柚）

収穫適期：10～12月　果実重：100～150g
収穫のタイプ：Ⅰ、Ⅱ　食べ方：F

別名本ユズ。原産地は中国で、日本へは飛鳥～奈良時代に渡来したといわれている。とげが大きくて多いので注意が必要。品種では、果実が小さいものの、タネやとげが少ない'多田錦'が人気。大果な木頭系や結実年数が短い山根系などの地方系統もある。

M.Miwa

ハナユ（花柚）

収穫適期：10～12月　果実重：50～70g
収穫のタイプ：Ⅰ、Ⅱ　食べ方：F

別名一才ユズ、常柚。ユズに比べて木が小さくて結実までの年数が短いが、果実のサイズや風味はユズに劣る。花を料理に使う場合もあり、庭木や盆栽としての利用頻度が高い。

M.Miwa

スダチ（酢橘）

収穫適期：8～10月　果実重：30～40g
収穫のタイプ：Ⅰ　食べ方：F

徳島県特産の柑橘類。ユズの近縁種といわれており、魚料理の香りづけに利用される。5月の開花から3か月後の8月ごろから収穫が開始する極早生柑橘。とげやタネが少ない地方系統が存在する。

M.Miwa

カボス（臭橙）

収穫適期：9～10月　果実重：100g
収穫のタイプ：Ⅰ　食べ方：F

大分県特産の柑橘類で、フグ料理との相性は抜群。ほかの柑橘類と同様に完熟すると黄色に色づくが、酸味がほとんど抜けないので生食には向いていない。大果の'大分1号''やタネの少ない'祖母の香'などの品種がある。

M.Miwa

食べ方　F 果汁を搾るか、加工する　25

香酸柑橘類

シークワーサー

収穫適期：10〜12月　果実重：25〜60g
収穫のタイプ：Ⅰ、Ⅱ　食べ方：F

別名ヒラミレモン。沖縄で野生化している柑橘類で、香りづけやジュースなど広く利用されている。沖縄や九州に加え、防寒対策をすれば本州でも栽培が可能である。

シキキツ（四季橘）

収穫適期：9〜12月　果実重：40g
収穫のタイプ：Ⅰ、Ⅱ　食べ方：F

別名カラマンシー。ミカン類とキンカンの雑種と推測されている。果肉の酸味が強く、フィリピンでは人気があり、沖縄でもシークワーサーの代用品として利用される。花は四季咲き性があり観賞性が高い。

ライム

収穫適期：10月　果実重：50〜130g
収穫のタイプ：Ⅰ　食べ方：F

インド周辺が原産地で、レモンよりも寒さに弱いといわれており、国内では温暖地での栽培がおすすめ。タネがあり、小果の'メキシカンライム'やタネがなく大果な'タヒチライム'などの品種がある。

コブミカン

収穫適期：10〜12月　果実重：50g
収穫のタイプ：Ⅰ　食べ方：F

写真は葉。東南アジアでは、果実に加えて葉が料理に欠かせないスパイスとして利用されている。国内でもタイカレーの香りづけにコブミカンの葉が利用されるケースが多い。枝にはとげがあるので注意。

収穫のタイプ　Ⅰ 緑色の果実を収穫する、Ⅱ 完全着色したら収穫する　　食べ方　F 果汁を搾るか、加工する

都道府県限定のブランド品種

　各都道府県の研究機関が育成した品種のうち、果実は全国販売するものの、苗木の販売は同じ都道府県内の生産者に限定されている場合があります。つまり、果実を購入しておいしいと感じた品種でも、自分の庭や畑で育てることができない場合があります。

紅まどんな　愛媛県限定
品種名は'愛媛果試第28号'。果皮は薄く、果肉は果汁たっぷりでゼリーのような食感。

'甘平'　愛媛県限定
強い甘みと扁平な果実が特徴のタンゴール類。果皮が薄く、タネが少なくて食べやすい。

'大将季'　鹿児島県限定
'不知火'の枝変わり（突然変異種）で、果皮や果肉の色が濃く、食味がよいのが特徴。

シークワーサー'仲本シードレス'　沖縄県限定
タネがきわめて少ないシークワーサーの品種。果実の大きさはタネありと同程度。

'湘南ゴールド'　神奈川県限定
果実は小ぶりながら、甘みや香りが強く、親のキミカンよりも品質が高い。

そのほかにも…

キンカン'宮崎夢丸'	宮崎県	タネなしキンカン
'媛小春（ひめこはる）'	愛媛県	中晩生柑橘
ウンシュウミカン'ひめのか'	愛媛県	普通温州
ゼリーオレンジ・サンセレブ	大分県	品種名'大分果研4号'
'せとみ'	山口県	登録商標名夢ほっぺ
レモン'イエローベル'	広島県	タネなしレモン
紀のゆらら	和歌山県	品種名'YN26'
'みえ紀南4号'	三重県	中晩生柑橘
'静姫'	静岡県	中晩生柑橘

2017年8月現在

主な柑橘類の系図

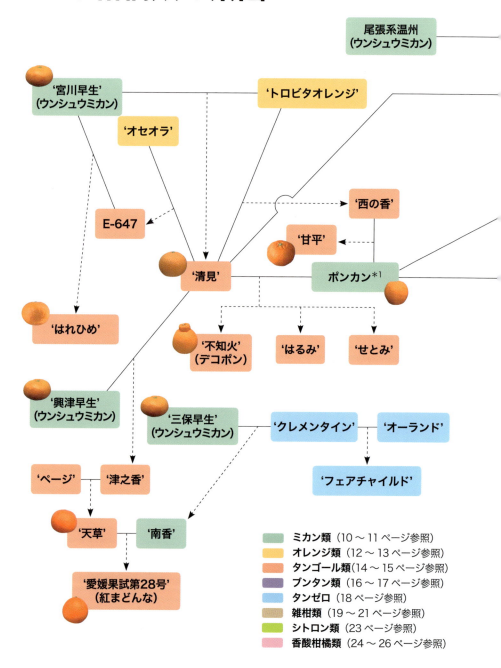

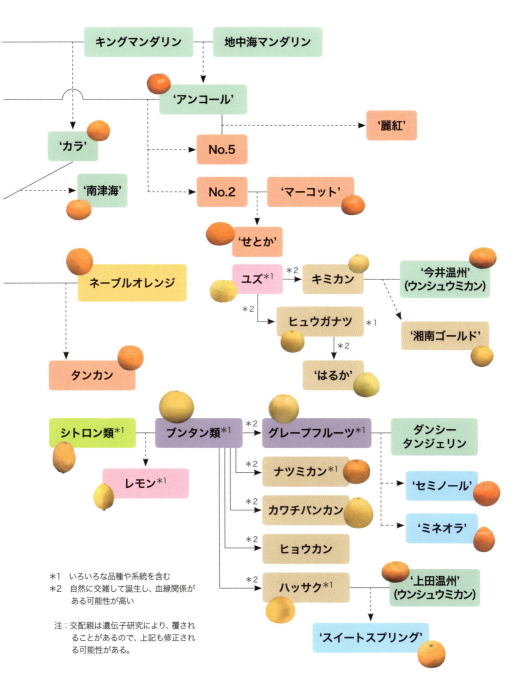

輸入柑橘類

　果実の形で海外から輸入される柑橘類です。これらのなかには、気候などの条件により国内では栽培が難しいものがあるので、見かけたら購入して食べてみましょう。なお、こうした輸入柑橘類のなかには品種名ではなく商品名のものも多く存在します。

オアマンダリン（ミカン類）
主な産地：イスラエル

'ピキシー'（ピクシー）（ミカン類）
主な産地：アメリカ

'デイジーマンダリン'（ミカン類）
主な産地：オーストラリア

'マーコット'（タンゴール類）
主な産地：オーストラリア

グレープフルーツ'オロブランコ'（ブンタン類）
主な産地：アメリカ

グレープフルーツ 'マーシュー'（ブンタン類）
主な産地：アメリカ

グレープフルーツ 'ルビー'（ブンタン類）
主な産地：アメリカ

カクテルグレープフルーツ（タンゼロ類）
主な産地：アメリカ

12か月 栽培ナビ

主な管理と作業を月ごとにまとめました。
時期に応じた適切な管理と
ていねいな作業が収穫を左右します。

ウンシュウミカン '宮川早生'
定番の品種で、果皮が薄く甘みと酸味のバランスが
よい（10ページ参照）。本品種に限らず、どんな柑橘
類でも鉢植えで楽しむことができる。

Citrus

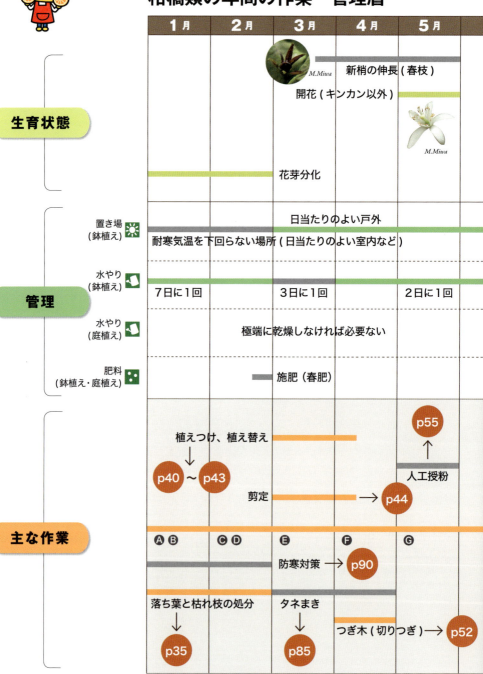

関東地方以西基準

6月	7月	8月	9月	10月	11月	12月

新梢の伸長（夏枝）　　新梢の伸長（秋枝）

開花（キンカン、レモンなど）　　開花（レモンなど）

M.Miwa

果実肥大

着色・成熟

生理落果（前期）

生理落果（後期）

耐寒気温を下回らない場所

毎日　　2日に1回　　3日に1回　　5日に1回

2週間、降雨がなければたっぷり　　極端に乾燥しなければ必要ない

施肥（夏肥）　　施肥（初秋肥）　　施肥（秋肥）

p55 、 p59

植え替え→ p40

p59

人工授粉　　摘果→ p60

夏枝の間引き　　秋枝の間引き→ p65

H I　　J 収穫　K　　L M　　N　　O P　　Q R

p68 ～ p70

防寒対策

p90

H 'メイポメロ'　I 'イエローポメロ'　J バレンシアオレンジ　K スダチ　L カボス　M 極早生温州　N 早生温州
O 中生温州　P レモン、ユズ　Q 晩生温州　R キンカン、ポンカン

33

January
1月

基本 基本の作業
トライ 中級・上級者向けの作業

今月の管理

- ☀ 日当たりのよい室内など
- 💧 鉢植えは乾いたら午前中に。庭植えは不要
- 🎲 鉢植え・庭植えともに不要
- 🐛 越冬害虫を駆除する

1月の柑橘類

　大寒を迎え、寒くて乾燥するこの時期は、柑橘類にとって最大の試練となります。寒さで木が傷むと回復に時間がかかり、翌シーズンだけでなく数年間は実つきなどに影響するので注意が必要です。寒い時期とはいえ、ネーブルオレンジやハッサク、ブンタンなど、酸味がまろやかになった中晩生柑橘の収穫が始まります。寒冷地で果実が寒害にあう場合は、収穫して室内で保存し、酸味を減らしてから食べます。

1月に収穫する柑橘類
'スイートスプリング'（18ページ参照）。ゴツゴツした外見に反して食味がよいタンゼロ類。

管理

🪴 鉢植えの場合

☀ 置き場：日当たりのよい室内など
　耐寒性や居住地の気候などに応じて防寒。室内に取り込むのがベスト。

💧 水やり：鉢土の表面が乾いたら
　7日に1回を目安に、なるべく気温が上昇し始める午前中に行います。

🎲 肥料：不要

⬆ 庭植えの場合

💧 水やり：不要

🎲 肥料：不要

🪴⬆ 病害虫の防除

カイガラムシ類などの越冬害虫を駆除
　ヤノネカイガラムシやイセリアカイガラムシなどのカイガラムシ類が枝葉に寄生して越冬しますが、これらは基本的には冬は移動しないので、駆除しやすい時期といえます。見つけしだい、歯ブラシなどでこすり落とすとよいでしょう。こすり落としたカイガラムシ類は基本的には寒さなどで死滅します（63ページ参照）。

> 今月の主な作業
> 基本 収穫
> 基本 落ち葉と枯れ枝の処分

1月

2月

3月

主な作業

基本 収穫

酸味が抜けたら収穫
68〜70ページを参照。

基本 落ち葉と枯れ枝の処分

病害虫の予防のために処分する
　常緑果樹とはいえ、寒い冬にはある程度、葉が落ちます。病原菌や害虫は落ち葉で越冬することがあるので、拾い集めて処分しましょう。

　枯れ枝も同じ理由から取り除きます。見つけしだい、剪定バサミで切り落として処分します。これらの作業は無農薬で育てる場合には必須です。

4月

5月

6月

7月

8月

　カイガラムシ類が歯ブラシで取りきれないほど発生している場合や、春以降にハダニ類やサビダニ類が多発する場合は、有機農業でも使用が認められているマシン油乳剤を規定の倍率で薄めて1月に散布するのが効果的です。越冬害虫を一掃できます。

マシン油乳剤には、越冬害虫やその卵の表面に油の膜を張り、窒息死させる効果がある。

Column
寒害に注意！
　耐寒気温を下回る寒さに遭遇すると、葉や果実が白く変色して傷みます。写真のような症状が出たら、鉢植えの場合は置き場などを再検討しましょう。

落ち葉拾い(左)と枯れ枝切り(右)。落ち葉の下ではさまざまな病原菌や害虫、枯れ枝では黒点病などの病原菌が越冬するので処分する。

9月

10月

11月

12月

February 2月

基本 基本の作業
トライ 中級・上級者向けの作業

今月の管理

- ❄ 日当たりのよい室内など
- 💧 鉢植えは乾いたら午前中に。庭植えは不要
- 肥 鉢植え・庭植えともに施す
- 🐛 越冬害虫を駆除する

2月の柑橘類

　立春が過ぎても厳しい寒さが続きます。寒い時期とはいえ、翌シーズンの生育を左右する重要な管理作業を行う必要があります。春肥を施して土の状態を万全にし、開花に備えます。また、1年で最も落葉が多い時期です。春からの病害虫の発生を低減するために落ち葉を拾い集めるとよいでしょう。'せとか'や'はるか'といった人気の中晩生柑橘は酸味が減りしだい、収穫適期を迎えます。

2月に収穫する柑橘類
　'せとか'（15ページ参照）。果皮はむきやすく、タネが少なく、小袋ごと食べられる。

管理

🪴 鉢植えの場合

❄ 置き場：日当たりのよい室内など
　耐寒性や居住地の気候などに応じて防寒。室内に取り込むのがベスト。

💧 水やり：鉢土の表面が乾いたら
　7日に1回を目安に、なるべく気温が上昇し始める午前中に行います。

肥 肥料：春肥を施す
　37ページを参照。

⬆ 庭植えの場合

💧 水やり：不要

肥 肥料：春肥を施す
　37ページを参照。

🪴 ⬆ 病害虫の防除

カイガラムシ類などの越冬害虫を駆除
　34～35ページを参照して対処します。マシン油乳剤は萌芽したばかりの若い枝葉にかかると傷むことがあるので（薬害）、2月末までに散布しましょう。
　マシン油乳剤の薬害を防ぐには、ほかの殺虫・殺菌剤との混用を控え、散布後の器具（ハンドスプレーや噴霧器など）をていねいに洗うこともポイントです。

今月の主な作業

- 基本 収穫
- 基本 落ち葉と枯れ枝の処分

2月

🌱 春肥（元肥）

適期＝2月下旬

　春の萌芽に備えて、肥料を施します。春肥には、肥料の三大要素のチッ素、リン酸、カリだけでなく微量要素も施す必要があり、ある程度の持続的な効果があって、土の物理性（ふかふか度）を改善させる肥料が望ましいので、有機質肥料がおすすめです。

　右表では、入手が容易でにおいが少ない油かすを用いた施肥量の目安を示していますが、育てる柑橘類の種類や気候、土壌の性質などによって、適切な肥料の種類や施肥量は大きく異なるので、生育状態を見ながら調節してください。例えば、太くて長い枝（徒長枝）の発生が多い場合は、少なめに施します。反対に、発生する枝が細くて短い枝ばかりの場合は、多めに施します。

　鉢植えは土の表面に均一にまけばよく、土の中に埋める必要はありません。

　一方、庭植えは樹冠直径（88ページ参照）の範囲に均一に施したあとに軽く耕して肥料を混ぜ込むと、吸収効率が高くなり、カラスなどの食害を軽減できます。

主な作業

基本 収穫

酸味が抜けたら収穫

68～70ページを参照。

基本 落ち葉と枯れ枝の処分

病害虫の予防のために処分する

35ページを参照。

油かす。骨粉や魚粉などのほかの有機質肥料が混ぜられたものであればなおよい。形状は粉末、固形を問わない。

春肥の施肥量の目安(油かす*1を施す場合)

	鉢や木の大きさ		施肥量*2
鉢植え	鉢の大きさ（号数*3）	8号	60g
		10号	90g
		15号	180g
庭植え	樹冠直径*4	1m未満	240g
		2m	960g
		4m	4000g

- ＊1　ほかの有機質肥料が混ざっていればなおよい
- ＊2　一握り30g、一つまみ3gを目安に
- ＊3　8号は直径24cm、10号は直径30cm、15号は直径45cm
- ＊4　88ページ参照

March
3月

今月の管理

- ❄ 日当たりのよい戸外
- 💧 鉢植えは乾いたらたっぷり。庭植えは不要
- 🌱 鉢植え・庭植えともに不要
- 🐛 越冬害虫やかいよう病の防除

 基本　基本の作業
トライ　中級・上級者向けの作業

3月の柑橘類

　春分の日を過ぎると、日に日に昼の時間が長くなり、気温が上昇し始めます。3月は重要な作業の一つ、剪定の適期です。早ければ下旬ごろから萌芽することもあるので、ほかにも生育停止期に行うべき作業の植えつけ、植え替えなども遅れないように終わらせましょう。果実では、'清見'やカワチバンカンなども収穫適期を迎え、多くの中晩生柑橘が出回るようになります。

3月に収穫する柑橘類
グレープフルーツ'オロブランコ'（17ページ参照）。完熟させると酸味が少なく食味良好。国内でも温暖地や鉢植えで栽培可能。

管理

🪴 鉢植えの場合

❄ **置き場：日当たりのよい戸外**
　日光によく当てます。遅霜には注意。

💧 **水やり：鉢土の表面が乾いたら**
　鉢底から水が流れ出るまでたっぷり与えます。3日に1回が目安です。

🌱 **肥料：不要**

🌿 庭植えの場合

💧 **水やり：不要**
🌱 **肥料：不要**

🪴🌿 病害虫の防除

カイガラムシ類やかいよう病
　カイガラムシ類は63ページ、かいよう病は54ページを参照。

レモンの果実に発生したかいよう病。

今月の主な作業

- 基本 収穫
- 基本 鉢の植え替え
- 基本 庭への植えつけ
- 基本 剪定
- トライ タネまき

3月

主な作業

基本 収穫
酸味が抜けたら収穫
68 ～ 70 ページを参照。

基本 鉢の植え替え
鉢に植えっぱなしは NG！
植え替えせずにいると根詰まりを起こして株が徐々に弱ります。右のサインのいずれかに当てはまれば、植え替えます（40 ～ 41 ページ参照）。

基本 庭への植えつけ
土づくりをしてから植えつける
適期は根が植え傷みしにくく、寒さがゆるんだ 3 月上旬～ 4 月上旬です。植えつけ場所の土の酸度や物理性（ふかふか度）を事前に改良してから植えつけます（42 ～ 43 ページ参照）。

基本 剪定
毎年必ず剪定しよう
剪定することで木がコンパクトになり、収穫などの作業がしやすくなります。また、古い枝には果実がなりにくいので、枝を切って若い枝を発生させることは収穫量の確保にもつながります。適期は枝葉や根の生育が緩慢で、寒さがゆるんだ 3 月上旬～ 4 月上旬です。枝葉の生育が活発な時期に枝を切ると傷口がふさがりにくいため枯れ込みやすく、寒い時期に切ると耐寒性が弱まります（44 ～ 49 ページ参照）。

トライ タネまき
果実からタネをとってまく
85 ページを参照。

Column 鉢の植え替えのサイン

下記の 3 つのいずれかに当てはまれば、適期に植え替えをしましょう。

❶ 苗木を購入したばかり
購入したポット苗や小さな鉢植えは、根が伸びるスペースがないので、大きな鉢に植え替えて育てる。

❷ 鉢底から根が出ている
鉢の中が根でいっぱいになり、根詰まりを起こしている可能性が高い。

❸ 水がしみ込みにくい
水やりを行っても水が 1 分以上しみ込まない場合、根詰まりを起こしている可能性が高い。

基本 鉢の植え替え　適期＝3月〜4月上旬、9月下旬〜11月上旬

ケース1　現在の鉢よりも大きな鉢に植え替える場合（鉢増し・植え替え）

鉢と株を今よりも大きくしたい場合は、一回り大きな鉢に植え替えます。

① 用土を準備する
市販の「果樹・花木用の培養土」が最適（左）。入手できなければ、「野菜用の培養土」7に鹿沼土（小粒）3の割合で混ぜて使用する（右）。

④ 株を植えつける
株を真ん中に入れて、用土を入れて根を埋める。水がたまる深さ（ウォータースペース）を3cm程度確保する。

② 根を軽くほぐす
株を鉢から抜き、根を軽くほぐす。太い根があるようなら、軽く切り詰めると根の発生が促される（右上）。コガネムシ類の幼虫は必ず取り除く。

⑤ つぎ木部は地表に出す
つぎ木部（こぶ状の部位）を用土で覆うと、穂木から発根して実つきが悪くなることもあるので注意。

③ 新しい鉢に用土を入れる
鉢底石を3cm程度敷き詰めて（右上）、①の用土を少し入れる。株を入れて用土の高さを調整する。

⑥ 水をたっぷりとやる
必要に応じて支柱を立てて、剪定や仕立てを行う。水をたっぷりとやったら完成。

ケース 2 　同じ鉢に植え替える場合

　ケース1の植え替え（40ページ）を数回行って、鉢が10号以上になり、スペースの都合上、鉢のサイズを大きくしたくない場合は、根をノコギリで切り詰めて新しい用土が入るスペースをつくり、再び同じ鉢に植え戻します。植え替え後も、39ページの❷〜❸のどちらかに当てはまれば、同じ方法で植え替えましょう。1〜3年に1回が植え替えの目安です。

側面の根も切る
株を起こして、今度は根鉢の側面も周囲を3cm程度切り取る。株を回しながら切るとよい。

株を鉢から引き抜く
根詰まりしていると抜けにくいので、鉢底から出ている根を切って、鉢をたたきながら株を引っ張るとよい。

底の根を切る
根鉢の底の部分をノコギリで3cm程度切る。株が弱ることはない。

鉢に用土を入れる
同じ鉢に新しい鉢底石と用土（40ページの❶）を入れ、40ページの❸〜❺と同じ方法で植え戻す。

水をたっぷりとやる
必要に応じて支柱を立てて、剪定や仕立てを行う。水をたっぷりとやったら完成。

基本 庭への植えつけ

適期＝3月〜4月上旬

1 植え穴の準備と土づくり

植えつけの1〜2か月前に、庭や畑の土の物理性（ふかふか度）と化学性（酸度など）を改良します。

土の掘り起こしと有機物の混ぜ込み（物理性の改善）

庭に苗木の根が収まる最小限の穴を掘るのではなく、今後根が伸びる範囲の土を掘り起こして土の塊を砕き、軟らかくしておくことで根や枝葉の生育がよくなります。範囲は広くて深いほうがよいですが、最低でも直径70cm、深さ50cmは確保しましょう。掘り起こした土には、腐葉土や堆肥などの有機物を1袋（16〜18ℓ）混ぜ込み、さらにふかふかにして、水はけをよくします。

❶ 直径70cm、深さ50cm以上の穴を掘る。酸度の調整（下コラム）が必要な場合は、1〜2か月前に行っておく。

❷ 掘り起こした土に腐葉土などをよく混ぜ込む。腐葉土と一緒に化成肥料や熔リンなどを混ぜ込む場合もあるが、根が傷むほか、枝が徒長する原因となることもあるので、本書では混ぜ込まない。

Column

酸度の調整

適期＝植えつけの1〜2か月前

柑橘類は弱酸性（pH5.5〜6.0）の土を好みます。日本の土壌は多くがこの範囲内にありますが、なかには外れている地域もあり、施肥や水やりが適切でも葉色が徐々に薄くなり、実つきが悪くなることがあります。念のため、庭や畑の土の酸度を測定しましょう。有機物の混ぜ込みは植えつけと同時に行えますが、酸度の調整は植えつけの1〜2か月前に行い、土を落ち着かせます。

酸度測定を行える市販のキットを利用すると便利。土壌専用の酸度計も市販されている。

pHを上げる（アルカリ性に近づける）には苦土石灰などを混ぜ、pHを下げる（酸性に近づける）には硫黄粉末などを混ぜる。

2 植えつけの手順

1 事前に土づくりをする
42ページのとおり、必要なら1～2か月前に酸度を調整しておく。植え穴を掘り、有機物を混ぜ込む。

2 根を軽くほぐす
苗木の根を軽くほぐして、太い根を切り詰める。切り詰めると新しい根の発生が促され、その後の生育がよくなる。

3 根に土をかぶせる
植え穴に土を少し戻し、高さを調整して苗木を置き、土をかぶせる。つぎ木部（指でさしている部分）を埋めないように注意。

4 枝を切り詰める

枝が1本の棒状の苗木は、株元から30～50cmで切り詰める。枝分かれしている苗木は長い枝だけ切り詰める。

50cm程度

5 支柱に固定する

支柱を立てて、ひもなどで枝を固定。ひもは8の字にして固定すると、枝がずれにくく、食い込みにくい。

6 水をたっぷりやって完成

水をやって完成。その後に発生した枝を仕立てる（86～87ページ参照）。

基本 剪定

適期＝3月～4月上旬

剪定は3つのステップに分けて考えよう

剪定は経験を必要とする作業ですが、初めて行う場合も以下の3つのステップに分けて考えると理解しやすくなります。どこから手をつけてよいかわからない場合は、ステップ1から始めてみましょう。それぞれのステップは次ページ以降で解説します。

ステップ 1 45ページ

木の広がりを抑える

まず理想とする樹形を青い点線のようにイメージし、そこからはみ出る複数の枝を分岐部（枝分かれした部分）のすぐ上で大きく切り落とします。樹高を低くする場合に重要な切り方です。

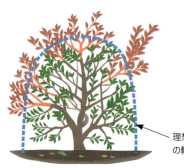

理想とする樹形の輪郭

ステップ 2 46～47ページ

不要な枝を間引く

次に徒長枝や枯れ枝、混み合った枝などの不要な枝を間引き、枝葉が軽く触れ合う程度の混み具合にします。間引く枝の量の目安は、枝の全体量の1～3割です。

徒長枝などの不要な枝をつけ根で間引く

ステップ 3 48～49ページ

残った枝の先端を切り詰める

最後にステップ1～2で残った枝の一部の先端を切り詰めて、充実した枝の発生を促します。すべての枝の先端を切り詰めると、翌シーズンの収穫量が激減することがあるので注意します。

残った枝の一部を切り詰める

＊それぞれのステップが終わるまで次のステップに進んでいけないわけではなく、手の届く範囲でステップ1～3を一度に行ってもよい。

ステップ 1

木の広がりを抑える

成木の樹高を下げる場合には、理想とする樹形を青い点線のようにイメージし（44ページ参照）、そこからはみ出る枝はノコギリなどを使って枝分かれした部分のすぐ上で切り落とし、外周部の輪郭を整えます。幼木で木を成長させたい場合は、大きく切り落とす必要はないので、樹形を整える程度にします。

1年で切りすぎるとよくない

いきなりバッサリ切って、樹高を低くしすぎると、春から夏にかけて太くて長い枝が大量に発生し、養分を必要以上に使うため、数年間は実つきが悪い状態が続きます。1年で切り取る幹の長さは50cm以内に収めるのが基本です。しばらく剪定を行っておらず樹高が高くなった木は、5年以上かけて徐々に樹高を低くしましょう。

正しい位置で切る

右図のAで切ると切り口がうまくふさがらず、切り残した部分が枯れ込んで幹を傷めます。Cではブランチカラーと呼ばれる重要な部分を切り取るので、切り口がうまくふさがらず、枯れ込みが入ります。Bの位置で切るのが最も適切です。

枝分かれした部分のすぐ上で切る

ステップ1で切る位置のイメージ。

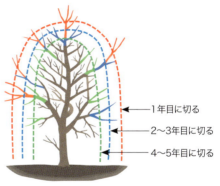

← 1年目に切る
← 2～3年目に切る
← 4～5年目に切る

木をコンパクトにするのは、年数をかける必要がある。

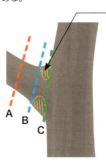

ブランチカラー
太い枝のつけ根にあたる部分で、しわが寄っていることが多い。将来的に枝が発生する葉芽が眠っていて、養分も豊富なので、この部分を残すと傷がふさがりやすい。

一見するとCで切るのがベストのようだが、ブランチカラーを残すBの切り方のほうが、切り口がふさがりやすい。

| 基本 | 剪定 |

ステップ2

不要な枝を間引く

ステップ1で外周部の輪郭が整ったら、次に木の内側の部分の不要な枝を間引きます。ステップ2では発生している枝を1本ずつ、つけ根で切るのがポイントで、切り残しがないように切ることが重要です。ステップ1〜2で全体の1〜3割の枝を切り取るのが目安となります。

不要な枝とは

右図のような枝を優先的に間引きます。特に徒長した枝（徒長枝）や混み合った枝は最優先で間引きます。また、夏枝や秋枝もなるべく間引きます（47ページ参照）。

ただし、これらの不要な枝をすべて切り取ると、枝の量が確保できずに木が弱るか、逆に徒長した枝が大量に発生することもあります。あくまで優先的に切る枝だと理解しましょう。

生育に合わせて間引く枝の量を調節

生育がよくて枝が多い木では、ステップ1〜2を経て、全体の3割程度の枝を切り取ります。一方、枝の発生量が少なく弱っている木は1割程度の枝を間引きます。このように木の生育具合に合わせて間引く枝の量を調節しましょう。

ステップ2で切る位置のイメージ。

不要な枝のイメージ。

「1〜3割」という量のほかに、「枝葉が軽く触れ合う程度」というのも間引く目安となる。

春枝、夏枝、秋枝を見分けるポイント

夏枝や秋枝には結実しにくいため、夏や秋に発生したらすぐに切り取る（59ページ参照）のが理想的です。切り忘れて残っている場合は、剪定時にステップ2で優先的に間引くか、ステップ3で切り詰める必要があります。しかし、剪定時に春枝、夏枝、秋枝を見分けるには経験が必要です。見分ける際に参考になるのが、ミカンハモグリガ（59ページ参照）や枝の断面の形、枝の長さです。

ミカンハモグリガは、春枝が伸び始める4月には本格的な被害にあうことは少ないですが、夏枝や秋枝には多く発生します（写真**A**）。ミカンハモグリガが発生している枝は、優先して剪定時に伸び始めの部分まで切り取ります。

夏枝が伸びる時期は高温なので徒長するか（写真**B**）、徒長しなくても養分が不足して断面が三角形になるものが多く見られます（写真**C**）。また、秋枝は気温が低い時期に伸びるため、極端に短い（7cm程度）傾向にあります。なお、夏枝や秋枝は、庭植えではよく発生しますが、鉢植えでは発生が少なく、まったく発生しない場合もあります。

ステップ2〜3で、夏枝や秋枝を間引いたり、切り詰めたりすることで、春枝から有葉花（51ページ参照）が発生し、品質のよい果実をたくさん収穫することができます。ぜひとも見分け方をマスターしましょう。

夏枝をすべて切り詰める

秋枝すべて＋夏枝半分を切り詰める

ミカンハモグリガは春枝の葉が堅くなる5月下旬ごろから発生し始めるので、春枝への被害は少ない。

夏枝のうち、徒長枝はつけ根で切る。

左：切り口の断面が丸い春枝。右：切り口の断面が三角形の夏枝。

| 基本 剪定

ステップ3
残った枝の先端を切り詰める

最後に若い枝の発生を促すために、ステップ1〜2で残した枝の一部の先端を切り詰めます。すべての枝の先端を切り詰めると収穫量が減少することもあるので、枝の長さや枝の種類を目安に、切り詰める枝と切り詰めない枝を見極めるのがポイントです。

すべての枝の先端を切り詰めない

柑橘類の多くが翌シーズンに開花するための花芽を1〜2月に形成します。花芽は枝の先端部分にできる傾向があり、すべての枝の先端を3〜4月の剪定で切り詰めると、花芽がなくなり、収穫量が減少する可能性があります（右図）。そこで25cm以上の長い枝だけを選んで切り詰めます。短い枝の花芽は残るため、収穫量が確保できます。

47ページの春〜秋枝を区別できる場合は、枝の長短で判断せず、夏枝や秋枝の部分だけを切り取ります。

先端となる芽の向きに注意

枝を切り詰める際には、先端となる芽の向きに注意します。上向きの芽（内芽）が先端になると、その後に発生する枝が徒長しやすいので、下向きもしくは横向きの芽（外芽）が先端になるような位置で切り詰めます。

ステップ3で切る位置のイメージ。

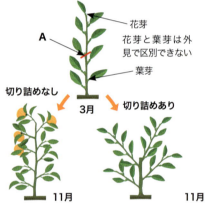

花芽は主に春枝や夏枝の先端付近につくので、すべての枝を上図の**A**の位置で切り詰めると、収穫量が減ることがある。ただし、春枝には枝のつけ根付近にも花芽がつくこともある。

先端が外芽になるような位置で切り詰める。

剪定前と剪定後

剪定前のレモンの鉢植え。木の勢い（樹勢）や枝の発生量は普通だが、樹高が高くなりつつある。

剪定後。ステップ1〜3の剪定をすることで、2割程度の枝を切り取った。写真より樹勢が強い木は3割、弱い木は1割と調整する。

剪定後の処理

❶ とげの切り取り

ユズやレモンなど（9ページ参照）には大きなとげがあり、危険なほか、果実や枝葉を傷つける原因となります。切り取っても生育にはほとんど影響がないので、見つけしだい、切り取ります。

とげのサイズや密度は種類や品種によって異なるが、若木では特に大きなとげがたくさん発生する傾向がある。

❷ 上向きの枝を下から引っ張る

上向きに伸びる枝は徒長枝となって樹形を乱すほか、ほとんど結実しません。地面に打った杭や鉢の縁などにひもを固定し、枝が斜めや横向きになるように下から引っ張るとよいでしょう。

骨格となる枝が直立しないように、なるべく若木のうちから下に引っ張るとよい。

❸ 癒合促進剤の塗布

切り口から枯れ込んだり、病原菌が入ったりすると生育が悪くなるので、市販の癒合促進剤を塗ります。小さな切り口でも塗るのが理想的ですが、直径1cm以上の切り口には必ず塗るようにします。

癒合促進剤は園芸店などでも容易に入手できるので、剪定時には常備して忘れずに塗布する。

April 4月

基本 基本の作業
トライ 中級・上級者向けの作業

今月の管理

- ☀ 日当たりのよい戸外
- 💧 鉢植えは乾いたらたっぷり。庭植えは不要
- 🟩 鉢植え・庭植えともに不要
- 🐛 葉の裏もチェックする

4月の柑橘類

清浄明潔（二十四節気の「清明」）の春には、越冬した枝先から萌芽します。3〜5月に発生する枝を春枝といい、枝先には花の蕾（花蕾）が確認できるようになります。春枝に葉と花が両方ついているものを有葉花（ゆうようか）、花だけがついているものを直花（じきばな）といい（51ページ参照）、一般的には有葉花のほうが実つきがよく、品質のよい果実になります。直花が多すぎる場合は、生育に問題があるので、置き場や施肥などを見直すとよいでしょう。

4月に収穫する柑橘類
'南津海（なつみ）'（11ページ参照）。果皮がむきやすくジューシーなミカン類。

管理

🪴 鉢植えの場合

☀ 置き場：日当たりのよい戸外
日光によく当てます。遅霜が予想される場合には、事前に対処します。

💧 水やり：鉢土の表面が乾いたら
鉢底から水が流れ出るまでたっぷり与えます。2日に1回が目安です。

🟩 肥料：不要

🌱 庭植えの場合

💧 水やり：不要
🟩 肥料：不要

🪴🌱 病害虫の防除

アブラムシ類
発生したての葉にアブラムシ類が発生しやすいので、見つけしだい、捕殺します。

アブラムシ類は葉の表側では見つからなくても裏側にいることが多いので、葉をめくってチェックする。多発する場合は殺虫剤の散布も検討する。

今月の主な作業

- 基本 収穫
- 基本 鉢の植え替え、庭への植えつけ
- 基本 剪定
- トライ タネまき
- トライ つぎ木

そうか病

枝葉（周年）や収穫前後の果実（8〜12月）にイボ状もしくはかさぶた状の突起が多発する場合は、予防のために登録のある薬剤（サンボルドーなど）を4月中に散布すると効果的です。

果実（左）と葉（右）に発生したそうか病。

Column 観察しよう！有葉花と直花

今年伸びた枝に葉をもつ花を有葉花（左）、もたない花を直花（右）といいます。直花は、越冬時の寒害、低日照、肥料の過不足などによって増加します。

有葉花（左）と直花（右）。

主な作業

基本 収穫
酸味が抜けたら収穫
68〜69ページを参照。

基本 鉢の植え替え、庭への植えつけ
上旬までに終わらせる
40〜43ページを参照。

基本 剪定
なるべく早く終わらせる

3月までに剪定が終わらなかった場合は、なるべく萌芽する前に終わらせましょう（44〜49ページ参照）。寒冷地では萌芽が遅いので、主にこの4月が剪定の適期です。

4〜7月に収穫を迎える柑橘類は、剪定適期の3月上旬〜4月上旬に収穫前の果実がなっていますが、果実の有無にかかわらず適期のうちに切るべき枝を切りましょう。剪定によって切り取った枝に果実がついている場合は、収穫して果実を室内で貯蔵（71ページ参照）し、試食して酸味が抜けたのを確認してから食べます。

トライ タネまき
果実からタネをとってまく
85ページを参照。

 **つぎ木** | 適期＝4月

作業の前に知っておきたい基本の知識

柑橘類はタネからふやすと親木と異なる性質をもつ個体が生まれたり、大木になりやすくなったりすることがあるので、一般的にはつぎ木して新しい苗木をつくります。

また、すでに育てている柑橘類の木、例えばユズに、レモンの枝を切り取ってつぎ木すれば、ユズとレモンの両方の果実を収穫することができます。これを「高つぎ」といいます（右上イラスト）。苗木をつくる場合も高つぎの場合も、方法は基本的に同じです。

つぎ木にはいろいろな方法がありますが、本書では初心者でも成功しやすい「切りつぎ」という方法を解説します。

穂木と台木

つぎ木の際に、つぐ側の枝だけになった部位を穂木といい、つがれる側を台木という。

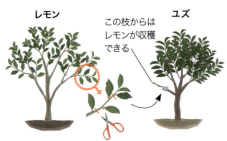

高つぎすると1本の木で複数の柑橘類を楽しむことができる。

台木の準備

苗木をつくる場合はタネをまいて台木をつくります（85ページ参照）。タネまきからつぎ木が可能な苗木になるには1～2年かかるので、タネまきもそれだけ前に始める必要があります。

2年生のカラタチ。台木として利用されることが多い。

穂木の準備

穂木は萌芽前の3月上旬ごろに20cm程度に切り分け、葉を切り取ります。ポリ袋に入れ、つぎ木適期まで冷蔵庫の野菜室で保存します。

つぎ木（切りつぎ）の手順

1 穂木をつくる

穂木を2芽で切り詰め、片面（台木と接する面）は1.5cm程度に薄くそぐ。もう片面は先端が鋭くなるように切る。

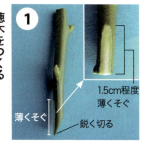

1.5cm程度薄くそぐ
薄くそぐ
鋭く切る

2 台木を切り詰める

台木はつぎ木しやすい位置で切る。苗木の場合は株元から5cm程度、高つぎの場合はなるべく株元に近い枝を選ぶ。

3 台木の先端を切り下げる

切った台木の先端を1.5cm程度薄く切り下げる。形成層が2本、きれいに見えるように平らに切るとよい。

形成層

4 台木と穂木を重ね合わせる

接触面にすき間があるようだと必ず失敗する。ぴったり合うまでやり直す。

すき間は厳禁

5 台木と穂木を固定する

ぴったり合ったら、ついだ部分を専用のつぎ木テープか、配線用のビニールテープでしっかりと固定する。

6 ポリ袋をかぶせる

乾燥防止のために小さなポリ袋をかぶせ、固定する。萌芽して袋に枝葉が触れそうになったら、ポリ袋を取り除く。

Column

つぎ木を成功させる2つのポイント

❶ 切り口を乾燥させない
手早くつぎ木して穂木や台木の切り口が乾燥しないようにする。

❷ 形成層を合わせる
穂木と台木の形成層を片側だけでもよいので、しっかり合わせる。

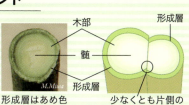

木部
髄
形成層

形成層はあめ色をしている。

少なくとも片側の形成層は合わせる

1月 / 2月 / 3月 / **4月** / 5月 / 6月 / 7月 / 8月 / 9月 / 10月 / 11月 / 12月

May
5月

基本 基本の作業
トライ 中級・上級者向けの作業

> ## 今月の管理
> ☀ 日当たりのよい戸外
> 💧 鉢植えは乾いたらたっぷり。庭植えは不要
> 🌱 鉢植え・庭植えともに不要
> 🦠 病気が多発する前に予防する

5月の柑橘類

　立夏を過ぎて暦の上では夏が始まると、柑橘類は一斉に開花します。収穫時期は種類によって大きく異なるものの、開花時期はキンカンを除き、ほぼすべてがこの時期に集中します。複数の柑橘類を育てている場合は、種類によって花蕾の色や香りが異なるので、比べてみるのも一興です。ナツミカンの多くの品種やヒュウガナツなどの中晩生柑橘が収穫適期を迎えます。

5月に収穫する柑橘類
　甘夏（19ページ参照）。正式名は'川野ナツダイダイ'でナツミカン（ナツダイダイ）の突然変異種。

管理

🪴 鉢植えの場合

☀ **置き場：日当たりのよい戸外**
　日光によく当てます。
💧 **水やり：鉢土の表面が乾いたら**
　鉢底から水が流れ出るまでたっぷり与えます。2日に1回が目安です。
🌱 **肥料：不要**

⬆ 庭植えの場合

💧 **水やり：不要**
🌱 **肥料：不要**

🪴⬆ 病害虫の防除

かいよう病
　枝葉（周年）や果実（収穫前後）にコルク状の斑点が発生します。手に負えない場合は、3月と5月の2回、登録のある殺菌剤（サンボルドーなど）を予防のために散布すると効果的です。

発生初期に感染した部位を取り除くことが、無農薬での防除の第一歩。

今月の主な作業
基本 収穫
トライ 人工授粉

灰色かび病

被害の多くは果実の表面だけなので、家庭での対策は特に不要です。気になる場合は開花後の花弁を手で取り除きます。

開花後の褐変した花弁が、結実まもない果実の上に残ってカビを生じることで発生する。

カメムシ類

65ページを参照。

Column

観察しよう！完全花と不完全花

花の中央に雌しべがある花を完全花、ない花を不完全花といいます。不完全花は直花（51ページ参照）と同じで、木の生育が悪いと発生が多い傾向にあり、生育のバロメータともなるので、観察して管理作業に生かしましょう。

花弁と雄しべを除いた状態。完全花（左）と不完全花（右）。

主な作業

基本 収穫

酸味が抜けたら収穫

68〜70ページを参照。

トライ 人工授粉

毎年のように実つきが悪い場合のみ

適期＝5月、7月など

昆虫や風などが受粉してくれるので人工授粉は基本的には不要です。しかし、毎年のように実つきが悪い場合は、原因が受粉の失敗にある可能性があるので、乾いた絵筆などを用いて同じ花の中の雄しべと雌しべを交互に触れます。

受粉樹が必要な柑橘類（82ページ参照）については、異なる品種間で受粉する必要があるため、花粉をコップなどに集めてから木を移動し受粉させると便利です。

柑橘類は1個の花の中に雄しべと雌しべがある両性花なので、受粉しやすい。

5月

55

June
6月

> 今月の管理
> ☀ 日当たりのよい戸外
> 💧 鉢植えは乾いたらたっぷり。庭植えは不要
> 🟢 鉢植え・庭植えともに施す
> 🐛 多種多様な病害虫に注意

基本 基本の作業
トライ 中級・上級者向けの作業

6月の柑橘類

　夏至を過ぎて、気温が上昇すると果実が肥大し始めます。6月は受粉・受精の失敗や果実間の養分競合が原因となって、ジューンドロップ（6月落果）と呼ばれる小さな果実が落ちる自然現象が見られますが、大量でなければ問題ありません。'メイポメロ'や'イエローポメロ'などの中晩生柑橘が収穫適期を迎えます。これらの柑橘類は開花から13か月もの間、木についていたことになります。

6月に収穫する柑橘類
　'メイポメロ'（16ページ参照）。ハッサクと'平戸ブンタン'の交雑種で、両方の風味を感じる品種。

管理

🪴 鉢植えの場合

☀ **置き場：日当たりのよい戸外**
　日光によく当てます。
💧 **水やり：鉢土の表面が乾いたら**
　鉢底から水が流れ出るまでたっぷり与えます。2日に1回が目安です。
🟢 **肥料：夏肥を施す**
　57ページを参照。

🌱 庭植えの場合

💧 **水やり：不要**
🟢 **肥料：夏肥を施す**
　57ページを参照。

🪴🌱 病害虫の防除

カミキリムシ類
　成虫が6〜9月に発生して産卵するので、見つけしだい、捕殺します。また、太い枝に穴があき、そこから木くずが

今月の主な作業

- 基本 収穫
- トライ 夏枝の間引き

出ている場合は、中に幼虫がいるので、針金を差し込むか殺虫剤（園芸用キンチョール E など）を注入します。

黒点病・軸腐病

果実や葉に小さな黒点が発生します。病原菌が感染する5～9月の間は鉢植えはなるべく軒下などの雨の当たらない場所に置きます。薬剤で予防する場合は、エムダイファー水和剤などの殺菌剤を6月と7月に散布します。

生育中に発生する黒点病（左）と貯蔵時の果実に発生する軸腐病（右）。病原菌は同じ。

回青（かいせい）

11～12月に色づいた果実を樹上で越冬させて3～7月に収穫する場合、3月以降に気温が上昇すると果皮が緑色に戻る現象。詳細は80ページ参照。

日当たりのよい部位の果皮が緑色に戻りやすい。

夏肥（追肥1）

適期＝6月上旬

春肥が分解されて効果が弱まってきた6月に肥料を追加で施します。夏肥は、施してからすぐに効果を得たいので化成肥料がおすすめです。下表では化成肥料を用いた施肥量の目安を記載していますが、育てている木の生育状態を見て、種類や量を調節しましょう。

夏肥の施肥量の目安（化成肥料[*1]を施す場合）

	鉢や木の大きさ		施肥量[*2]
鉢植え	鉢の大きさ（号数[*3]）	8号	9g
		10号	14g
		15号	28g
庭植え	樹冠直径[*4]	1m 未満	35g
		2m	140g
		4m	500g

[*1] 化成肥料はN-P-K＝8-8-8など
[*2] 一握り30g、一つまみ3gを目安に
[*3] 8号は直径24cm、10号は直径30cm、15号は直径45cm
[*4] 88ページ参照

主な作業

基本 収穫

酸味が抜けたら収穫

68～70ページを参照。

トライ 夏枝の間引き

発生した若い枝をつけ根で切る

59ページを参照。

July
7月

今月の管理

- ☀ 日当たりのよい戸外
- 💧 鉢植えは乾いたらたっぷり。庭植えは雨が降らなければ
- ▦ 鉢植え・庭植えともに不要
- 🦠 病気が多発する前に予防する

基本 基本の作業
トライ 中級・上級者向けの作業

7月の柑橘類

　梅雨が明け、大暑を迎えると落果が落ち着いて、摘果の適期となります。摘果は剪定と並んで重要な作業なので、必ず行います。気温の上昇とともに、夏枝の発生も見られますが、春枝に比べて花つきが悪く、徒長する傾向にあるので、なるべくつけ根で間引くとよいでしょう。しばらく降雨がなければ、庭植えでも水やりは欠かせません。中晩生柑橘のラストを飾るバレンシアオレンジが収穫適期を迎えます。

7月に収穫する柑橘類
　バレンシアオレンジ（12ページ参照）。最後に収穫適期を迎える中晩生柑橘。ネーブルオレンジと異なり、果頂部（へそ）が盛り上がらない。

管理

鉢植えの場合

☀ **置き場：日当たりのよい戸外**
　日光によく当てます。

💧 **水やり：鉢土の表面が乾いたら**
　鉢底から水が流れ出るまでたっぷり与えます。基本的には毎日行います。

▦ **肥料：不要**

庭植えの場合

💧 **水やり：雨が降らなければ**
　降雨が2週間程度なければ、たっぷり与えます。

▦ **肥料：不要**

病害虫の防除

アゲハ類の幼虫
　アゲハ類の幼虫が葉を食べるので、見つけしだい、捕殺します。

ナミアゲハの終齢幼虫。春から秋に3〜5回発生する。

今月の主な作業
- 基本 収穫
- 基本 摘果
- トライ 人工授粉
- トライ 夏枝の間引き

ミカンハモグリガの幼虫

別名エカキムシ。主に夏枝や秋枝に発生します。これらの枝は発生しだい、間引くことが多いので対策は不要ですが、見た目が気になる場合や加害痕からかいよう病が多発する場合は、殺虫剤（ベニカ水溶剤など）を散布します。

幼虫は6日程度で成虫になって出ていくので、葉を取り除いても発生を食い止める効果は少ないことが多い。

アザミウマ類（スリップス）

1mm未満の小さな成虫が果実や葉を吸汁し、吸われた部分は白く変色します。発生が多くて手に負えない場合は、殺虫剤（ベニカ水溶剤など）を散布します。

果実と果梗（果実の軸）との間を加害されるとリング状の痕が残る。6〜9月に注意が必要。

カイガラムシ

63ページを参照。

黒点病・軸腐病

57ページを参照。

主な作業

基本 収穫
酸味が抜けたら収穫
68〜69ページを参照。

基本 摘果
果実を間引く
60〜61ページを参照。

トライ 人工授粉
毎年のように実つきが悪い場合のみ
適期＝5月、7月など

7月に開花するキンカンや四季咲き性が強いレモンなどは、実つきが悪ければ55ページを参考に人工授粉します。

トライ 夏枝の間引き
夏枝をつけ根で切り取る
適期＝6〜8月

6〜8月に発生する夏枝は徒長しやすく、残しておいても翌年結実しにくいほか、樹形を乱す可能性があるので、つけ根で切り取ります。剪定時には春枝との区別がつきにくいので、発生しだい、切り取るか摘み取ります。

発生した夏枝を摘み取る。

基本 摘果(てきか)

適期＝7月下旬～9月下旬

作業の前に知っておきたい基本の知識

なぜ摘果をするのか

摘果とは小さな果実を間引くことです。柑橘類は果実がなりすぎると、その翌年に収穫量が激減することがあります（下図）。豊作と不作の年を交互に繰り返す隔年結果を防ぐためにも、そして大きくて甘い果実を収穫するためにも、摘果は重要な作業です。「もったいない」と摘果をしないケースをよく見かけますが、必ず毎年行いましょう。

摘果の適期

落果が収まる7月下旬～9月下旬が摘果の適期です。家庭においては、61ページのように一度の摘果で目安となる数まで間引いてもかまいません。

しかし、ウンシュウミカンや'せとか'などの味を重視する柑橘類は、7月下旬～8月中旬に混み合った部位だけ軽く間引き（粗(あら)摘果）、9月に一気に理想の果実の数まで間引く（仕上げ摘果）と品質の高い果実を収穫できます。これを後期重点摘果といいます。

優先的に間引く果実

果実を間引く際には、小さい果実（小果）、傷のある果実（傷果）を優先的に間引きます。また、ウンシュウミカンや'せとか'のように品質重視の柑橘類では、摘果の適期に上向きについている大きな果実（天なり果）は、生育がよすぎて大味になりやすく、日焼けも起こしやすいので優先的に間引きます。

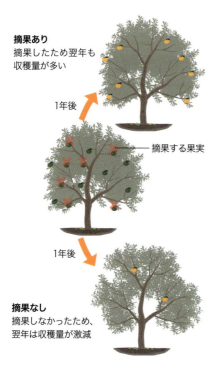

摘果あり
摘果したため翌年も収穫量が多い

1年後

摘果する果実

1年後

摘果なし
摘果しなかったため、翌年は収穫量が激減

ウンシュウミカンの摘果時の果実の様子。小果や傷果、天なり果を優先的に間引き、正常果を残す。

摘果の目安は葉の枚数

果実を間引く際に目安となるのが葉の枚数です。果実1個を正常に生育・成熟させるのに必要な葉の枚数（葉果比）は、種類や品種によって決まっています。右表を参考に、木に残す果実の数の目安を把握しましょう。

例えば、果実がウンシュウミカンサイズのレモンでは、葉が200枚ある木なら、葉200枚を葉果比の25で割った8個を木に残すことができます。木が大きい場合は葉のボリュームから葉の枚数を推測して、太い枝ごとに残す果実の数を決めていくとよいでしょう。

摘果時に目安とする葉の枚数（葉果比）

果実のサイズ	種類・品種の例	1果当たりの葉の枚数
キンカンサイズ（20g以下/果）	キンカン	8枚
ウンシュウミカンサイズ（約130g/果）	ウンシュウミカン、レモン、ハナユ、シークワーサー	25枚
オレンジサイズ（約200g/果）	ネーブルオレンジ、ハッサク、イヨカン、ヒュウガナツ、清見、不知火、せとか	80枚
ブンタンサイズ（400g以上/果）	ブンタン、シシユ、バンペイユ、ナツミカン	100枚

＊上記は目安です。
＊参考：『果樹園芸大百科1 カンキツ』（農山漁村文化協会）
『果樹園芸大百科15 常緑特産果樹』（農山漁村文化協会）

摘果の手順

1 葉の枚数を把握する
摘果前のレモン。写真の鉢植えには200枚程度の葉がついており、果実が21個ついている。

2 品質の悪い果実を落とす
小果、傷果を優先的に間引く。レモンでは天なり果は残してよいが、ウンシュウミカンなどはなるべく間引くとよい。

3 葉果比の基準に近づける
レモンの葉果比は25。葉200枚を葉果比25で割ると果実を8個残すとよいことがわかる。

4 完成
摘果後。葉果比に基づき、果実を13個切り取って8個を木に残した。摘果したおかげで果実が肥大し、隔年結果しにくくなる。

落とした果実

August
8月

今月の管理

- ☀ 日当たりのよい戸外
- 💧 鉢植えは乾いたらたっぷり。庭植えは雨が降らなければ
- ▦ 鉢植え・庭植えともに不要
- 🦠 病気が多発する前に予防する

基本 基本の作業
トライ 中級・上級者向けの作業

8月の柑橘類

　立秋を過ぎて暦の上では秋を迎えますが、夏本番という天候が続きます。光合成が盛んに行われ、どの柑橘類もピンポン玉くらいのサイズになり、枝も重みで下に垂れ始めます。この時期に水切れを起こすと果実のサイズが小さくなるほか、落果することもあるので水やりに注意しましょう。ほかの柑橘類に先駆けてスダチの収穫が始まります。

8月に収穫する柑橘類
　スダチ（25ページ参照）。香りづけとして利用するため、香りや酸味が豊かな緑色の果実を収穫する。11月まで果実を木に残すと黄色に色づくが、風味が落ちる。

管理

🪴 鉢植えの場合

☀ **置き場：日当たりのよい戸外など**
　日光によく当てます。暑さで枝葉がしおれているようなら、西日の当たらない場所に移動させます。

💧 **水やり：鉢土の表面が乾いたら**
　鉢底から水が流れ出るまでたっぷり与えます。基本的には毎日行います。

▦ **肥料：不要**

🌱 庭植えの場合

💧 **水やり：雨が降らなければ**
　降雨が2週間程度なければ、たっぷり与えます。

▦ **肥料：不要**

🪴🌱 病害虫の防除

マシン油乳剤の散布
　ハダニ類やサビダニ類、カイガラムシ類（63ページ参照）が多発する場合は、マシン油乳剤の散布を検討しましょう。

夏には、冬よりも低濃度で散布する。

今月の主な作業

- 基本 収穫
- 基本 摘果
- トライ 夏枝の間引き

ミカンハダニ

葉が吸汁され、全体が白っぽく見えるのが特徴です。晴天時の葉に水をかけて洗い流すと一時的に発生が止まります。今月にマシン油乳剤やダニ太郎などを散布すると効果的です。

成虫は0.4mm程度と小さいので赤い点にしか見えない。

ミカンサビダニ

果実の表面が灰色や茶色に変色して堅くなります。8月にマシン油乳剤やダニ太郎などを散布すると効果的です。

成虫は0.1mm程度で、肉眼での確認が非常に困難。

カイガラムシ類

見つけしだい、歯ブラシなどでこすり落とします。多発するなら7～8月にマシン油乳剤や殺虫剤（家庭園芸用マラソン乳剤など）を散布すると効果的です。

主な作業

基本 収穫

スダチの収穫

すべての柑橘類のトップバッターとして、スダチが収穫適期を迎えます。ピンポン玉サイズに肥大した緑色の果実を収穫します(68～70ページ参照)。

基本 摘果

葉果比を目安に間引く

61ページを参照して、小さな果実や傷ついた果実を間引きます。

トライ 夏枝の間引き

夏枝をつけ根で切り取る

59ページを参照して、夏枝を切り取ります。

カイガラムシ類一覧

果実についたヤノネカイガラムシの雌成虫（左上）と雄の繭（右上）。ルビーロウムシ（左下）。ヒラタカタカイガラムシ（右下）。

September
9月

今月の管理

- ☀ 日当たりのよい戸外
- 💧 鉢植えは乾いたらたっぷり。庭植えは雨が降らなければ
- 🌰 鉢植え・庭植えともに施す
- 🦠 病気が多発する前に予防する

基本 基本の作業
トライ 中級・上級者向けの作業

9月の柑橘類

　秋分を境に日が短くなり、暑さが少し落ち着くと、再び害虫の発生が盛んになるので注意が必要です。9月は果実の糖の蓄積量がふえる一方、酸味は徐々に減少するので、下旬ごろには一部の極早生温州が収穫できます。薬剤は収穫果に残留しないように、「収穫前〇日まで」と使用時期が定められています。収穫が近い柑橘類は、ラベルなどに記載された使用時期を守りましょう。

9月に収穫する柑橘類
　カボス（25ページ参照）。スダチより一回り果実が大きい。12月までに黄色に色づくが、緑色の果実のほうが香りが強い。

管理

🪴 鉢植えの場合

☀ 置き場：日当たりのよい戸外など
　日光によく当てます。暑さで枝葉がしおれているようなら、西日の当たらない場所に移動させます。

💧 水やり：鉢土の表面が乾いたら
　鉢底から水が流れ出るまでたっぷり与えます。基本的には毎日行います。

🌰 肥料：初秋肥を施す
　65ページを参照。

🌱 庭植えの場合

💧 水やり：雨が降らなければ
　降雨が2週間程度なければ、たっぷり与えます。

🌰 肥料：初秋肥を施す
　65ページを参照。

🪴🌱 病害虫の防除

アブラムシ類、ミカンハモグリガ、ハダニ類、サビダニ類

　秋枝の柔らかい葉や果実にアブラムシ類（50ページ参照）やミカンハモグリガ（59ページ参照）、ハダニ類やサビ

今月の主な作業

- 基本 鉢の植え替え
- 基本 収穫
- 基本 摘果
- トライ 秋枝の間引き

ダニ類（63ページ参照）が再び発生しやすいので、対策を講じます。

カメムシ類

5月のほか、9〜10月に発生します。吸汁されると果皮が斑点状に褐変し、中の果肉も部分的に変色して味が落ちます。発生が多い場合は、市販の果実袋を果実にかけるか、ベニカ水溶剤などの殺虫剤を5月や9月に散布します。

病害虫で手に負えない場合は、果実に市販の果実袋をかけるとよい。

すす病

66ページを参照。

貯蔵中に発生する病気

67ページを参照。

初秋肥（追肥2）

適期＝9月上旬

右表を目安に初秋肥を施します。速効性の化成肥料がおすすめです。ウンシュウミカンは、着色が遅れたり、浮き皮（75ページ参照）が発生したりするので、この時期の施肥は控えましょう。

主な作業

基本 鉢の植え替え

鉢に植えっぱなしはNG！

40〜41ページを参照。

基本 収穫

緑色の果実を収穫する

カボスや極早生温州などを収穫します（68〜70ページ参照）。

基本 摘果

葉果比を目安に間引く

仕上げ摘果の適期です。61ページを参照して、小さな果実を間引きます。

トライ 秋枝の間引き

秋枝をつけ根で切り取る

59ページの夏枝の間引きを参照。

初秋肥の施肥量の目安（化成肥料*1を施す場合）

鉢や木の大きさ			施肥量*2
鉢植え	鉢の大きさ（号数*3）	8号	9g
		10号	14g
		15号	28g
庭植え	樹冠直径*4	1m未満	35g
		2m	140g
		4m	500g

*1 化成肥料はN-P-K＝8-8-8など
*2 一握り30g、一つまみ3gを目安に
*3 8号は直径24cm、10号は直径30cm、15号は直径45cm
*4 88ページ参照

October
10月

基本 基本の作業
トライ 中級・上級者向けの作業

今月の管理

- ☀ 日当たりのよい戸外
- 💧 鉢植えは乾いたらたっぷり。庭植えは不要
- 🌱 鉢植え・庭植えともに不要
- 🦠 病気が多発する前に予防する

10月の柑橘類

　寒露を迎え、朝晩に葉が露でぬれるようになると、秋枝の発生が少なくなり、病害虫の発生も少し落ち着きます。気温の低下とともに、果実の成熟が進んで黄色に色づき始める柑橘類も増加します。シークワーサーやライムなどの香酸柑橘類に加え、下旬ごろから早生温州が収穫を迎えます。10月から収穫できる柑橘類もふえて、収穫のシーズンが到来します。

10月に収穫する柑橘類
早生温州の'宮川早生'（10ページ参照）。代表的な早生品種で濃厚な味。

管理

🪴 鉢植えの場合

- ☀ **置き場：日当たりのよい戸外**
  日光によく当てます。
- 💧 **水やり：鉢土の表面が乾いたら**
  鉢底から水が流れ出るまでたっぷり与えます。2日に1回が目安です。
- 🌱 **肥料：不要**

🌿 庭植えの場合

- 💧 **水やり：不要**
- 🌱 **肥料：不要**

🪴🌿 病害虫の防除

すす病
　アブラムシ類（50ページ参照）やカイガラムシ類（63ページ参照）の分泌物や排せつ物が葉や果実などにかかり、カビが生えることで発生します。原因となるこれらの害虫を駆除するとよいでしょう。

表面が黒く汚れるが、発生初期であれば拭き取ることができる。

今月の主な作業

- 基本 鉢の植え替え
- 基本 収穫
- 基本 果実の貯蔵

貯蔵中に発生する病気

収穫後の果実の貯蔵中に、下写真のような症状で果実が腐ることがあります。これらの病原菌には収穫前に感染するので、手に負えないほど発生する場合は、ベンレート水和剤などの殺菌剤を9～10月に散布します。

左：青（緑）かび病　右：軸腐病

主な作業

基本 鉢の植え替え

鉢に植えっぱなしはNG！
40～41ページを参照。

基本 収穫

緑色の果実を収穫する
ライムや早生温州などを収穫します（68～70ページ参照）。

基本 果実の貯蔵

果実を長く楽しむ
収穫した果実を1か月以内に食べきれない場合は、温度や湿度を調節して貯蔵します（71ページ参照）。

Column

水分ストレスと甘み

柑橘類は収穫前に水やりを控え気味にして根を軽く乾かす（水分ストレスをかける）ことで、甘い果実を収穫できます。時期としては、ウンシュウミカン[*1]では7月中旬～11月下旬、'不知火'[*2]では8～9月、'はれひめ'[*3]では9～10月の水分ストレスが効果的だと報告されています。

夏の柑橘類の産地では、地面に白色のシートが敷いてあることがありますが、根の範囲に雨水を入れないようにして、水分ストレスをかけ、甘い果実を

水不足でしおれた葉。

収穫するのが主な目的です。

家庭でも7～11月に水やりを控え気味にすると甘い果実を収穫できる可能性がありますが、特に鉢植えでは乾燥させすぎて枝葉や果実がしおれ、木が傷む例が多いようです。栽培に慣れるまではたっぷりと水やりしましょう。

*1、3 『園芸学研究』（岩崎ら、2012年）
*2 『園芸学研究』（岩崎ら、2011年）

基本 収穫

適期＝種類・品種によって異なる

作業の前に知っておきたい基本の知識

収穫適期

ほぼすべての柑橘類が5～7月に開花しますが、収穫のタイミングは種類や品種によって大きく異なり、以下の3つのタイプに大別できます。適期を大幅に超えて収穫するとす上がりや浮き皮（どちらも75ページ参照）が発生するので注意しましょう。

Ⅰ 緑色の果実を収穫するタイプ

《右表の収穫のタイプⅠ》

スダチやカボスなどの柑橘類は、香りづけなどに利用するため、開花から約4～6か月が経過して、酸味が抜けていない緑色の果実を収穫します。酸味が抜けるのが早い極早生温州の一部もこのタイプです。収穫時期は8～10月です。

レモンやユズも緑色の果実を利用できる。

Ⅱ 完全着色したら収穫するタイプ

《右表の収穫のタイプⅡ》

ウンシュウミカンやポンカンなどの柑橘類は、果実が色づくとともに酸味が適度に抜けるので、完全着色したら収穫します。収穫時期は11～12月です。

ウンシュウミカンは色づきしだい、収穫できる。

Ⅲ 酸味が抜けるまで収穫を待つタイプ

《右表の収穫のタイプⅢ》

ナツミカンやブンタンなどの柑橘類は、12月末までにはほぼ完全に着色しますが、食べても酸味が強くておいしくありません。翌年1～7月まで樹上につけたままにして、酸味が抜けてから順次収穫します。これらをまとめて中晩生柑橘（中晩柑）といいます。

ナツミカンの果実。12月には橙色に色づくが、酸味が抜ける5月ごろまで収穫しないのでナツミカンと呼ばれる。

収穫適期・収穫のタイプ・食べ方

種類・品種	収穫適期	収穫の タイプ (68 ページ)	食べ方 (94 ページ)	種類・品種	収穫適期	収穫の タイプ (68 ページ)	食べ方 (94 ページ)
スダチ	8～10月	I	F	イヨカン	1～2月*	III	C
カボス	9～10月	I	F	'あすみ'	1～2月	III	B、C
極早生温州	9月	I、II	B、C	'スイートスプリング'	1～2月	III	C、D
ライム	10月	I	F	ネーブルオレンジ	1～2月	III	D
シークワーサー	10～12月	I、II	F	'はるみ'	1～2月	III	B、C
ユズ	10～12月	I、II	F	'たまみ'	1～2月	III	B、C
ハナユ	10～12月	I、II	F	'はるか'	2～3月	III	E
レモン	10～12月	I、II	F	'不知火'	2～3月	III	B、C
早生温州	10～11月	II	B、C	'せとか'	2～3月	III	D
ダイダイ	10～12月	II	F	タンカン	2～3月	III	B、C
中生温州、普通温州	11月	II	B、C	オオタチバナ	2～3月	III	C
カラタチ	11～12月	II	F	ブラッドオレンジ	2～3月*	III	D
タチバナ	11～12月	II	F	カワチバンカン	2～4月	III	B、C、D
晩生温州	12月	II	B、C	'アンコール'	2～4月	III	B、C
'ありあけ'	12月	II	D	キミカン	2～4月	III	B、C、E
シシユ	12月	II	F	サンボウカン	2～4月	III	C
'西南のひかり'	12月	II	B、C	グレープフルーツ	2～5月	III	D
'はれひめ'	12月	II	B、C	'津の香'	3～4月	III	B、C
ブッシュカン	12月	II	F	'ミネオラ'	3～4月	III	B、C、D
'べにばえ'	12月	II	D	'セミノール'	3～5月	III	B、C、D
ポンカン	12月	II	B、C	ナツミカン、甘夏	3～5月	III	C
キシュウミカン	12月	II	B、C	'清見'	4月	III	D
シトロン	12月	II	E、F	ヒュウガナツ	4～5月	III	E
ベルガモット	12月	II	F	'南津海'	4～5月	III	B、C
キンカン	12～3月	II、III	A	'カラ'	4～5月	III	B、C
'天草'	1月	III	D	ヒョウカン	4～5月	III	C、D
'麗紅'	1月	III	B、C	'メイポメロ'	5～6月	III	C
ハッサク	1～2月*	III	C	'イエローポメロ'	5～6月	III	C
ブンタン	1～2月*	III	C	'サマーフレッシュ'	6～7月	III	B、C、D
バンペイユ	1～2月*	III	C	バレンシアオレンジ	6～7月	III	D

＊　3～4月まで貯蔵して酸味を抜けさせるとよい

※　1～7月に収穫する柑橘類の果実が越冬時に寒さで傷む場合は、12月に収穫して貯蔵しながら酸味を抜いてもよい

基本 収穫

適期＝種類・品種によって異なる

収穫の手順

1 果実の扱いは慎重に
収穫適期を迎えた果実を選び、軽く握る。果実を強引に近くに引き寄せると、果皮と果肉の間が離れて傷み、貯蔵性が落ちるので注意。

2 果梗をハサミで切る
果梗（果実の軸）をハサミで切り取る。ハサミの先を果実に当てないように収穫するのが最も重要。採果バサミ（84ページ参照）を利用するとよい。

3 果梗を再度切って整える
果梗に切り残しがあると、先端がほかの果実に当たって生傷がつくので、収穫かごや袋に入れる前にハサミを使って切り直す（二度切り）。

4 二度切りした果実
これならかごなどに果実を積み重ねても傷がつかない。長期間にわたって貯蔵する場合は71ページを参照。

Column

生傷に注意！

　収穫中の果実に新しい傷（生傷）がつくと、どんなに小さくても数日中にカビ（右写真）が生える可能性が高くなります。生傷をつけないように細心の注意をし、生傷がついてしまった果実は貯蔵しないで、すぐに食べるようにしましょう。

生傷が原因でカビが生えた果実。カビからは毒素が分泌されることがあるので、無理して食べずに果実ごと廃棄したほうがよい。

基本 果実の貯蔵

適期＝収穫後すぐ

作業の前に知っておきたい基本の知識

貯蔵の条件

収穫した果実を3週間程度で食べきれるのであれば、室内の涼しい場所に置くだけでも問題ありません。一方、収穫量が多く、食べきるまでに1か月以上は保存する必要がある場合は、下記の手順で温度と湿度を好適な条件に調節して貯蔵します。

① 果実の表面を少し乾かす（予措）

果実の表面を少し乾燥させて、果皮の水分含有量を減らすことで、貯蔵中の青（緑）かび病や軸腐病（57ページ参照）、す上がりや浮き皮（75ページ参照）の発生率を減らすことができます。

新聞紙の上に重ならないように果実を置いて、室温で2〜10日程度放置する。

室内の涼しいところ（10℃）
タンカンなど

＊温度は目安。メーカーや設定温度によって多少異なる。

② ポリ袋に入れる

理想的な貯蔵湿度は85〜90％なので、ポリ袋に入れて保湿します。大きな袋にたくさんの果実を入れるよりも、1つずつ個装したほうが、貯蔵中に腐りにくくなります。

左：個装した状態。右：大きな袋に複数の果実を入れた状態。個装のほうが理想的。

③ 冷蔵庫に入れる

低温で貯蔵すると長もちする傾向にありますが、温度が低すぎると果皮が傷んで変色します。種類や品種によって、冷蔵庫内の保存場所を変えて温度調節します。

冷蔵室（3〜4℃）
ウンシュウミカン、キンカン、スダチなど

ドアポケット（5〜8℃）
オレンジ、レモン、グレープフルーツなど

野菜室（5℃）
ナツミカン、ブンタン、'せとか'、ポンカンなど

November 11月

今月の管理

- 寒さで傷まない場所に移動させる
- 鉢植えは乾いたらたっぷり。庭植えは不要
- 鉢植え・庭植えともに施す
- 病気が多発する前に予防する

基本 基本の作業
トライ 中級・上級者向けの作業

11月の柑橘類

　立冬が過ぎて、木枯らし1号が吹くようになると、果実の肥大は止まり、着色がいっそう進みます。収穫できる種類がふえて、本格的に柑橘類が食卓に並ぶ季節になります。中生種や普通種のウンシュウミカンの収穫が始まるほか、レモンやユズなども黄色い果実を収穫できます。なお、柑橘類は総じて寒さに弱いので、霜が降りる地域では、その前に何らかの防寒対策が必要です。

11月に収穫する柑橘類
　レモン'マイヤーレモン'(24ページ参照)。純粋なレモンではないので、果実の形が丸くて酸味がマイルド。

管理

🪴 鉢植えの場合

置き場：寒さで傷まない場所へ
　基本は日当たりのよい戸外ですが、育てている種類の耐寒性(8ページ参照)に応じて、日当たりのよい室内などの寒さで傷まない場所に移動させます。

水やり：鉢土の表面が乾いたら
　鉢底から水が流れ出るまでたっぷり与えます。3日に1回が目安です。

肥料：秋肥を施す
　73ページを参照。

🏠 庭植えの場合

水やり：不要

肥料：秋肥を施す
　73ページを参照。

🪴🏠 病害虫の防除

アブラムシ類、ハダニ類、カイガラムシ類
　アブラムシ類(50ページ参照)やハダニ類、カイガラムシ類(どちらも63ページ参照)の対策を必要に応じて行います。果実が色づいて、初めて病害

今月の主な作業

- 基本 鉢の植え替え
- 基本 収穫
- 基本 果実の貯蔵
- 基本 防寒対策

虫の被害に気づくことが多いですが、実際には春から夏の間に感染、加害されている場合がほとんどです。

秋肥（お礼肥）

適期＝11月上旬

枝葉や果実の生育で使用した養分を補い、翌年用の花芽分化の促進や耐寒性を高めるために、下表を目安に秋肥を施します。

気温が低下すると肥料の吸収量も低下するので、速効性の化成肥料をなるべく早く施すことをおすすめします。秋肥はお礼肥ともいいますが、収穫が終わっていない柑橘類にも施します。

主な作業

基本 鉢の植え替え

鉢に植えっぱなしはNG！
40〜41ページを参照。

基本 収穫

色づいた果実を収穫する
68〜69ページを参照。

基本 果実の貯蔵

果実を保存する
71ページを参照。

基本 防寒対策

寒さで弱る前に対策する
鉢植え、庭植えともに、防寒対策を施します（90〜91ページ参照）。

秋肥の施肥量の目安（化成肥料[*1]を施す場合）

鉢や木の大きさ			施肥量[*2]
鉢植え	鉢の大きさ（号数[*3]）	8号	12g
		10号	18g
		15号	36g
庭植え	樹冠直径[*4]	1m未満	50g
		2m	200g
		4m	800g

*1　化成肥料はN-P-K＝8-8-8など
*2　一握り30g、一つまみ3gを目安に
*3　8号は直径24cm、10号は直径30cm、15号は直径45cm
*4　88ページ参照

Column

鳥獣害対策

鳥ではヒヨドリやカラス、ムクドリなどが成熟した果実をついばみます。獣ではイノシシ、サル、シカ、ハクビシン、アライグマなどが加害します。鳥はネットなどをかければ防ぐことができますが、獣は電気柵くらいしか抜本的な対策が見当たりません。

ヒヨドリに食べられたウンシュウミカン。

December
12月

今月の管理
- 寒さで傷まない場所に移動させる
- 鉢植えは乾いたらたっぷり。庭植えは不要
- 鉢植え・庭植えともに不要
- 越冬害虫を駆除する

基本 基本の作業
トライ 中級・上級者向けの作業

12月の柑橘類

1年で最も昼が短い冬至を迎えると、寒さがいっそう厳しくなります。防寒対策をしていない場合は急いで行いましょう。晩生種のウンシュウミカンが収穫適期を迎えるほか、12月下旬ごろになるとキンカンやポンカン、'はれひめ'、'ありあけ'などの柑橘類の収穫もスタートします。なるべく適期のうちに収穫して、食べきれない分は貯蔵するか料理に使って楽しみましょう。

12月に収穫する柑橘類
キンカン'ぷちまる'(22ページ参照)。タネが非常に少なく、枝のとげが小さくて少ない人気の品種。

管理

鉢植えの場合

置き場：寒さで傷まない場所へ
柑橘類の耐寒性(8ページ参照)に応じて、日当たりのよい室内などの寒さで傷まない場所で冬越しさせます。

水やり：鉢土の表面が乾いたら
鉢底から水が出るまでたっぷり与えます。5日に1回が目安です。

肥料：不要

庭植えの場合

水やり：不要
肥料：不要

病害虫の防除

カイガラムシ類などの越冬害虫を駆除
カイガラムシ類などの越冬害虫を駆除します(34ページ参照)。カイガラムシ類やハダニ類、サビダニ類が春〜秋に多発して、手に負えない場合は、12〜1月に1回、2月に1回の合計2回、マシン油乳剤を散布するとよいでしょう。それでも発生する場合は、8月ごろにも追加で散布します(62ページ参照)。

今月の主な作業

- 基本 収穫
- 基本 果実の貯蔵

す上がり

果肉が水分のないパサパサの状態になります。収穫適期を大幅に過ぎて収穫したり、長く貯蔵しすぎたりすることで発生するほか、越冬時の果実が寒さで傷むと発生します。適地で育てて適期に収穫し、早めに食べましょう（91ページ参照）。

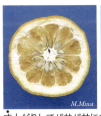
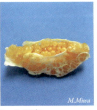

す上がりしてパサパサになった果実。

浮き皮

果皮と果肉の間にすき間ができて触るとブヨブヨした感触になります。酸味が抜けすぎて風味が落ちるほか、腐りやすくなります。チッ素肥料のやりすぎに注意し、適期に収穫して予措（71ページ参照）をすると発生が軽減できます。

左：浮き皮（ウンシュウミカン）。右：正常。

主な作業

基本 **収穫**

色づいた果実を収穫する
68～70ページを参照。

基本 **果実の貯蔵**

果実を保存する
71ページを参照。

Column

寒冷地では一斉収穫もできる

ほぼすべての柑橘類が、12月末までに黄色や橙色などに完全着色します。68ページのⅢのタイプの柑橘類は、収穫適期まで樹上につけて、酸味が抜ける時期まで収穫を待ちます。一方、寒冷地で越冬中に果実が凍ったり、す上がりが発生する場合は、12月に一斉収穫して、貯蔵（71ページ参照）しながら酸味を抜いてもよいでしょう。

ナツミカンを12月に収穫して、重曹をかけて酸を中和してから食べる人もいる。

写真で見分ける病害虫とそのほかの障害

 注意度3
予防を心がけ、発生したら直ちに対処する

 注意度2
なるべく対処する

注意度1
特に気にしなくてもよい

生育中に発生する病気

かいよう病 →54ページ参照

傷口から感染するので、傷の原因となるとげは取り除き、害虫に注意するとよい。

そうか病 →51ページ参照

雨によって病原菌が運ばれ感染するので、鉢植えは軒下などに置くと効果的。感染した葉や果実は除去する。

灰色かび病 →55ページ参照

外観が悪くなる程度なので放置してもよいが、気になる場合は、開花後の花弁を取り除いて予防する。

黒点病 →57ページ参照

病原菌は枯れ枝や落ち葉などで越冬するので、剪定や落ち葉拾いを徹底するとよい。

すす病 →66ページ参照

アブラムシ類やカイガラムシ類を防除する。

病害虫とそのほかの障害

貯蔵中の果実に発生する病気

青（緑）かび病 →67ページ参照

収穫時に傷をつけないように注意する。予措（71ページ参照）をし、貯蔵中に多湿にならないように。

軸腐病 →57、67ページ参照

雨によって病原菌が運ばれ感染するので、鉢植えは軒下などに置くと効果的。感染した葉や果実は除去する。

柑橘類に農薬登録がある殺菌剤（園芸店などで容易に入手できるもののみ） （2017年8月現在）

薬品名（薬剤名） \ 病気名	かいよう病	そうか病	黒点病	灰色かび病	軸腐病	青（緑）かび病	幹腐病 切り口の枯れ込み防止
サンボルドー（銅水和剤）	○	○					
GFベンレート水和剤（ベノミル水和剤）		○*		○*	○	○	
トップジンMゾル（チオファネートメチル水和剤）		○*			○	○	
サンケイエムダイファー水和剤（マンネブ水和剤）			○				
トップジンMペースト（チオファネートメチルペースト剤）							○

＊ウンシュウミカンのみ
参考：「農薬登録情報システム」（農林水産消費安全技術センターホームページ）
注意：登録内容は随時更新されるので、最新の登録情報に従う
　　　：薬剤の希釈倍率、使用液量、使用時期、総使用回数、使用方法は同封の説明書の表記に従う
　　　：薬剤を使用する際は風の少ない日を選び、皮膚につかないような服装や装備を心がける

生育中に発生する害虫

アゲハ類 →58ページ参照

幼虫が葉を食害する。見つけしだい、捕殺する。

コガネムシ類 →40ページ参照

幼虫が根を食べる。根の量が少ない鉢植えは、木が枯れることもあるので注意が必要。植え替えの際に幼虫を駆除する。成虫は葉を食べることも。

アブラムシ類 →50ページ参照

見つけしだい、捕殺する。

ミカンハダニ →63ページ参照

夏や冬にマシン油乳剤を散布すると効果的。

カミキリムシ類 →56ページ参照

幼虫が地際付近の太い枝を食い荒らすと、木が枯れることもあるので注意が必要。手遅れになる前に穴の中の幼虫を見つけて捕殺するのがポイント。

アザミウマ類 →59ページ参照

薬剤散布以外に効果的な防除方法はない。

カイガラムシ類 →63ページ参照

見つけしだい、歯ブラシなどを用いてこすり取る。

ミカンサビダニ →63ページ参照

夏や冬にマシン油乳剤を散布すると効果的。

病害虫とそのほかの障害

- 🌼🌼🌼 **注意度3** 予防を心がけ、発生したら直ちに対処する
- 🌼🌼 **注意度2** なるべく対処する
- 🌼 **注意度1** 特に気にしなくてもよい

カメムシ類 →65ページ参照

袋かけや薬剤散布以外に効果的な防除方法はない。

ミカンハモグリガ →59ページ参照

発生しやすい夏枝や秋枝を切り取る。

柑橘類に農薬登録がある殺虫剤（園芸店などで容易に入手できるもののみ）

(2017年8月現在)

薬品名（薬剤名） \ 昆虫名	アゲハ類	カミキリムシ類	コガネムシ類	アザミウマ類（スリップス）	アブラムシ類	カイガラムシ類	ハダニ類	サビダニ類	カメムシ類	ミカンハモグリガ
ベニカ水溶剤（クロチアニジン水溶剤）	○	○*1	○*2	○	○	○*3			○	○
ベニカベジフルスプレー（クロチアニジン液剤）					○					○
家庭園芸用マラソン乳剤（マラソン乳剤）				○*4	○*4	○*4				
モスピラン液剤（アセタミプリド液剤）					○					
キング95マシン（マシン油乳剤）						○	○	○		
兼商モレスタン水和剤（キノキサリン系水和剤）							○	○		
ダニ太郎（ビフェナゼート水和剤）							○	○		
粘着くん液剤（デンプン液剤）							○			
ハッパ乳剤（なたね油乳剤）							○			
園芸用キンチョールE（ペルメトリンエアゾル）		○*1								

*1 ゴマダラカミキリのみ
*2 コアオハナムグリのみ
*3 ツノロウムシ、コナカイガラムシ類、アカマルカイガラムシ、ナシマルカイガラムシのみ
*4 ナツミカンを除く
参考：「農薬登録情報システム」（農林水産消費安全技術センターホームページ）
注意：登録内容は随時更新されるので、最新の登録情報に従う
　　：薬剤の希釈倍率、使用液量、使用時期、総使用回数、使用方法は同封の説明書の表記に従う
　　：薬剤を使用する際は風の少ない日を選び、皮膚につかないような服装や装備を心がける

そのほかの障害

注意度3 予防を心がけ、発生したら直ちに対処する
注意度2 なるべく対処する
注意度1 特に気にしなくてもよい

寒害 →35ページ参照

鉢植えは冬だけでも暖かい場所に移動させる。

鳥獣害 →73ページ参照

鳥や獣は柑橘類を好むので網や電気柵などで防ぐ。

す上がり →75ページ参照

適期の収穫と越冬時の寒さに注意する。

水不足 →67ページ参照

根が乾燥すると起こる。夏の鉢植えは特に注意。

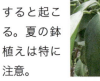

土壌養分の過不足 →89ページ参照

適切な施肥を心がける。

浮き皮 →75ページ参照

チッ素肥料のやりすぎに注意し、適期に収穫して予措をする。

回青 →57ページ参照

　黄色や橙色に色づいた果実の表面が、3月以降に緑色に戻る現象。気温が上昇することで果実表面の葉緑素が再合成され、光合成するため発生する。バレンシアオレンジなど3～7月以降に収穫適期を迎える中晩生柑橘に発生しやすい。発生が多いなら2月までに収穫して貯蔵しながら酸味を抜くとよい。

病害虫対策

柑橘類は病害虫が少なからず発生しますが、品質にこだわらなければ無農薬でも栽培できます。冬の落ち葉拾いをして、病気の発生初期の部位や害虫を見つけしだい、取り除くことがポイントです。発生が多い場合や品質がよい果実を収穫したい場合は、76〜79ページや下表を参考に適期に薬剤散布することで効果的に防除できます。

柑橘類の主な病害虫の発生時期と防除

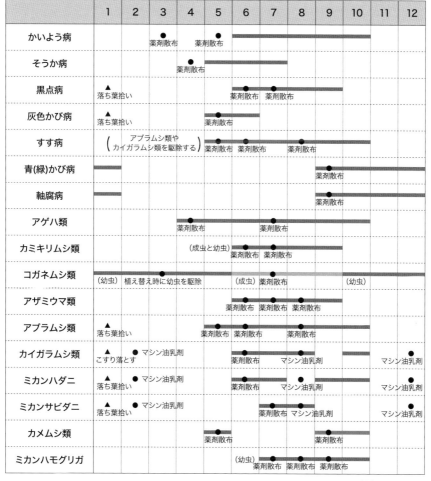

もっとうまく育てるために

苗木の選び方

棒苗と大苗、どちらを選ぶ？

苗木を選ぶ際に、まずは棒苗と大苗のどちらを入手するか決めましょう。棒苗は文字どおり1〜2本の枝が棒状に伸びている1〜2年生の苗木で、安価で流通量が多く、低樹高の開心自然形仕立て（86ページ参照）にも対応することができます。

一方、大苗はたくさん枝分かれした3年生以上の苗木で、すぐに収穫でき、多少の悪条件でも枯れませんが、高価で低樹高に仕立てにくいです。

生活スタイルや好みなどに応じて選びましょう。

受粉樹が必要な柑橘類もある

基本的には受粉樹は不要です。しかし、ブンタンなどの柑橘類（右表）は、正常な花粉を多くもちますが、自分の花粉が雌しべについても遺伝的問題で受精できず（自家不和合性が強く）、結実できません。受粉樹として異なる柑橘類の苗木も入手しましょう。受粉樹が必要な柑橘類どうしの組み合わせでもかまいません。ただし、花粉が少ないウンシュウミカンなどは受粉樹には不向きです。

棒苗

大苗

庭植えに向く大苗　　鉢植えに向く大苗

左は高い位置で枝分かれしており、泥のはね返りなどの影響が少なく、草刈りがしやすいので庭植え向きの大苗。右は低い位置から枝分かれしており、重心が下にあるため倒れにくく、下部からも収穫できるので鉢植え向きの大苗。

受粉樹が必要な柑橘類の例

ブンタン	バンペイユ	ハッサク
ヒュウガナツ	ミネオラ	キミカン

＊上記の柑橘類は自家不和合性が強い。

花粉が少なく受粉樹には不向きな柑橘類の例

ウンシュウミカン	清見	不知火
せとか		

＊タネがなくても結実するので、上記の柑橘類は受粉樹が不要。

もっとうまく育てるために

左は葉の色が濃く、枝も充実しているよい苗木。右は葉の色が薄く、黄色の葉も多い悪い苗木。

よい苗木、悪い苗木の見極め方

　苗木で最も重要なのは葉の状態です。葉の緑色が濃く、量が多いのがよい状態といえます。日光不足や肥料不足で黄色くなった葉や寒害で変色した葉（35ページ参照）が多い苗木は避けましょう。

　次に枝の状態を見ます。棒苗の場合は、1〜2本の枝が太くて充実しており、まっすぐ伸びているものがよい苗木です。大苗は枝数が多く、充実しており、間のびしていないものを選びましょう。

　なお、大苗で果実がついている苗木（実つき苗）を購入する場合は、果実のほうに目が行きがちですが、前述のように枝葉を中心に見て選ぶことが重要です。しかも果実がつきすぎている苗木は、隔年結果（60ページ参照）を起こして翌年収穫できない可能性があるので、購入を避けるか、果実がまだ小さければ摘果（60〜61ページ参照）しましょう。

入手と植えつけ、植え替えの時期

　庭植えにする場合は、なるべく植え

果実がついている実つき苗だが、葉の量が少ないのであまりよい状態とはいえない。果実よりも葉や枝に注目するのがポイント。

品種がある柑橘類は、種類の名前（レモン）だけでなく、品種名（マイヤーレモンなど）も明記してある苗木を購入するとよい。

つけ適期の3〜4月に入手することをおすすめします。鉢植えにする場合も、植え替えの適期の3〜4月や9〜11月に購入するのがおすすめです。どちらの場合も適期以外に購入した場合はすぐに植えつけると根が傷むおそれがあるので、適期になるまで購入した鉢植えのままで育てます。

More Info

道具をそろえよう

ぜひそろえたい道具

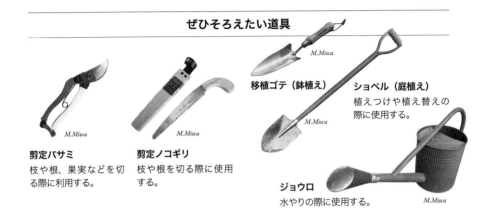

剪定バサミ
枝や根、果実などを切る際に利用する。

剪定ノコギリ
枝や根を切る際に使用する。

移植ゴテ（鉢植え）

ショベル（庭植え）
植えつけや植え替えの際に使用する。

ジョウロ
水やりの際に使用する。

あると便利な道具

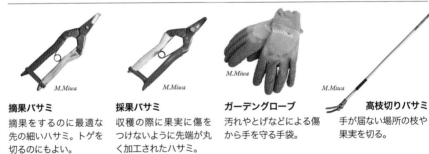

摘果バサミ
摘果をするのに最適な先の細いハサミ。トゲを切るのにもよい。

採果バサミ
収穫の際に果実に傷をつけないように先端が丸く加工されたハサミ。

ガーデングローブ
汚れやとげなどによる傷から手を守る手袋。

高枝切りバサミ
手が届ない場所の枝や果実を切る。

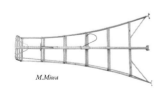

脚立
枝や果実に手が届ない場合に踏み台として使用。

絵筆
人工授粉の際に使用する。

噴霧器
庭植えの大きな木に薬剤を散布する際に使用する。

酸度計
土壌の酸度を測定する。

もっとうまく育てるために

タネまきにチャレンジしよう

結実まで8年程度はかかる

　食べた果実からとれたタネをまいた場合、結実するようになるまでに通常は8年程度、遅ければ10年以上かかります。そのため、果実を早く収穫したいなら、つぎ木をしてある苗木を購入することを強くおすすめします。

　ただし、柑橘類はタネをまくと1つのタネから複数の芽生えがあり（下写真）、観察するとおもしろいだけでなく、つぎ木（52〜53ページ参照）で新たに苗木をつくる際の台木を得ることができるので、ぜひともチャレンジしてみましょう。

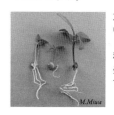

左：レモン'リスボン'、中：レモン'マイヤーレモン'、右：ブンタン。種類や品種によって、発芽する数が異なるので、観察すると楽しい。

タネまきの適期

　発芽後に低温にさらされる心配が少ない3〜4月が最適期といえますが、室内で温度10℃以上を確保できれば発芽するので、時期に限らず、タネまきを行うことができます。

タネまきの手順

❶ タネの皮をむく

タネの皮がついたままでまくとカビが生えやすく、発芽が遅れる傾向にある。爪などで少し傷をつけて皮をむくとよい。

❷ 土などにまく

市販の「野菜用の培養土」などを入れたポットにまいて、定期的に水を与えれば2週間ほどで発芽する。

芽生えを観察するには……
製氷皿などの容器に脱脂綿（カット綿）を敷いてまくと、複数の芽生えを観察しやすい。

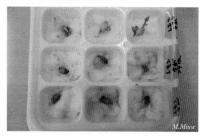

More Info

仕立て方と樹形

仕立てとは

　仕立てとは、購入した苗木を庭に植えつけたり、鉢に植えつけたりしたあとに、剪定や誘引などの作業をして、果実がつきやすく、管理作業がしやすい木の形（樹形）にすることです。成木になってから仕立て直すのは難しいので、若木のうちから仕立てるのがポイントです。仕立て方（目標となる樹形）は、柑橘類においては以下の3つがおすすめです。

1　開心自然形仕立て

　株元付近から骨格となる太い枝を2～4本発生させて横に広げる仕立て方。多くの柑橘類に適した定番の樹形で、樹高を低く維持しやすい。

メリット：大木になりにくく作業がしやすい。

デメリット：若木のうちから仕立てる必要ある。

1年目（植えつけ）
棒苗を植えつけて、枝を鉢植えなら20～30cm、庭植えなら30～50cmで切り詰める。大苗は右の2～3年目の作業からスタート。

2～3年目
角度や長さがよい2～4本の枝を選び、それ以外はつけ根で間引く。残した枝は支柱やひもを使って斜めに誘引する。

4年目以降
残した枝を骨格となる枝とし、そこから発生した枝に結実させる。真上に徒長する枝はつけ根で切り、樹高を低く維持する。

2　変則主幹形仕立て

　木が高くなったら先端の枝を切り取って（右写真の白線）、木の生育を止める仕立て方で、縦長の樹形になりやすい。鉢植えに向く。

メリット：放任樹でも取り入れられる。
デメリット：大木になりやすい。

1年目（植えつけ）
棒苗を植えつけて、植えつけ時には枝は切り詰めない。大苗は右の2～3年目の作業からスタート。

2～3年目
混み合った枝はつけ根で間引き、長い枝は先端を4分の1程度切り詰めて、木を拡大させる。

4年目以降
樹高が高くなってきたら、木の先端部の枝を分岐部で切り取って、木の芯を止める。

3　株仕立て

　株元の低い位置から多数の枝を発生させ、扇のような樹形にする。枝分かれしやすいキンカンに向いた仕立て方。

メリット：キンカンは自然と株仕立てになりやすく、作業が容易。
デメリット：枝が混み合いやすい。

1年目（植えつけ）
棒苗を植えつけ、鉢植えなら20cm、庭植えなら30cmで枝を切り詰める。大苗は右の2年目以降の作業からスタート。

2年目以降
枝が混み合いやすいので、なるべく枝をつけ根で間引く。長い枝は4分の1程度切り詰める。

More Info

施肥のポイント

施す肥料の種類

「どんな肥料を施したらよいですか?」という質問をよく受けます。柑橘類にとって肥料は、人間でいう食事に似ており、基本的には土の物理性(軟らかさ、ふかふか度)や化学性(養分量)などを満たせば、どんな肥料でも問題ありません。

本書では、春肥には有機質肥料のなかで入手が容易な油かすを、夏肥や初秋肥、秋肥には吸収効率が高い化成肥料を用いた施肥方法を紹介します。

施す場所

鉢植え 鉢土の表面に均一に施し、鉢土の中にすき込む必要はありません。鉢の縁の周辺にのみに施す場合もあるようですが、根は鉢の全域に分布しており、部分的に施すと根が傷む可能性もあるので筆者は全体に均一に施すことをおすすめしています。

庭植え 鉢植えと異なり、根の広がる範囲を正確に把握するのは不可能ですが、根の大部分が図の樹冠の範囲の地下部に広がる傾向にあるので、樹冠の範囲全体に、均一に施します。可能ならクワなどを用い、施した肥料を土にすき込むと吸収が促進されるほか、有機質肥料の場合、鳥などに肥料を食べられるリスクを低減できます。

左:油かす。骨粉や魚粉などのほかの有機質肥料が含まれていると理想的。固形、粉末は問わない。右:化成肥料(N-P-K=8-8-8など)。緩効性、速効性は問わない。

施す場所 鉢植えの場合

鉢土の表面に均一に施し、すき込む必要はない。

施す場所 庭植えの場合

クワなどですき込むとよい。樹冠の範囲全体に均一に施す

もっとうまく育てるために

肥料不足
- 枝の伸びが悪い
- 葉の色が薄い

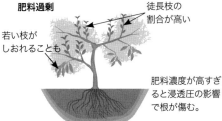

肥料過剰
- 徒長枝の割合が高い
- 若い枝がしおれることも
- 肥料濃度が高すぎると浸透圧の影響で根が傷む。

施す肥料の量

施す肥料の量は木の大きさに応じて調整します。鉢植えは鉢の号数が目安となります。鉢の直径（cm）を測り、3で割ると号数がわかります。例えば直径30cmの鉢は10号です。庭植えは樹冠（88ページ参照）の直径（m）が目安となります。

下表は油かすや化成肥料を用いた施肥量の目安ですが、あくまで目安なので、枝の伸び方や色、結実状況を見ながら調整しましょう。

肥料が不足している場合は、枝の発生量が少なく、葉の色が薄くなる傾向にあります。肥料が過剰な場合は、徒長枝の割合や枝の発生量が増加するほか、根が傷んで水切れしたように若い枝がしおれることもあります。

施肥量の目安

施肥時期	肥料の種類[*1]	鉢植え 鉢の大きさ（号数）			庭植え 樹冠の直径		
		8号	10号	15号	1m未満	2m	4m
2月 春肥・元肥	油かす	60g	90g	180g	240g	960g	4000g
6月 夏肥・追肥1	化成肥料	9g	14g	28g	35g	140g	500g
9月[*2] 初秋肥・追肥2	化成肥料	9g	14g	28g	35g	140g	500g
11月 秋肥・礼肥	化成肥料	12g	18g	36g	50g	200g	800g

[*1] 油かすはN-P-K=5-3-2など、化成肥料はN-P-K=8-8-8など
[*2] ウンシュウミカンは悪影響があるので施さない
注意：肥料は重さを量る必要はなく、一握り30g、一つまみ3gを目安にする

More Info

防寒対策 （適期＝11月下旬～2月下旬）

作業の前に知っておきたい基本の知識

柑橘類の祖先はインドの東北部の暖かい地域で誕生したといわれています。そのため、柑橘類は総じて寒さに弱く、冬の栽培環境によっては、寒さで枯れてしまうことがあるので注意が必要です。8ページを参照して、まずは育てている柑橘類の耐寒性（＊）を把握しましょう。

次に居住地の年間で最も寒い日の最低気温を把握します。天気予報などで示される最低気温や、気象庁がインターネットなどで公表している過去の気象データなどをもとに調べます。

最後に耐寒性と居住地の冬の最低気温を比べて、耐寒気温を下回る日数をもとに防寒対策の方法を下記の❶❷から選びます。

＊育てている柑橘類の耐寒気温が掲載されていない場合は、その仲間や交配親などの数字を参考にするとよい。

鉢植えの場合

レモンの場合
耐寒気温 －3℃

❶
－3℃以下になる日が少ない地域
（目安：3日以内）

⬇

戸外で冬越しをさせる
例　静岡市
－3℃以下になる日が1日
（2016年）

耐寒気温を下回る日には一時的に室内などに取り込むなどの対策をとる。

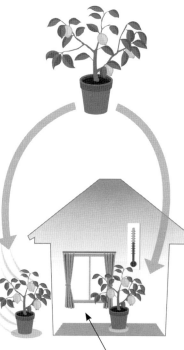

❷
－3℃以下になる日が多い地域
（目安：4日以上）

⬇

日当たりのよい室内に取り込む
例　つくば市
－3℃以下になる日が28日
（2016年）

室内でなくても耐寒気温を下回らず、日当たりがよい場所ならよい。

暖房の温風などが株に直接当たらないように注意する。

参考：気象庁HP　過去の気象データ検索　2016年

もっとうまく育てるために

庭植えの場合

適地で育てるのが基本

庭植えの場合は鉢植えのように置き場を移動できないので、居住地の最低気温が耐寒気温を下回る日数が3日以内になる柑橘類を選んで植えるのが基本となります。植えると寒さで枯れてしまうような柑橘類は、庭植えにしないで、鉢植えにして防寒対策をしましょう。

幼木の防寒

3年生までの幼木は寒さに特に弱いので、下写真のような防寒対策を施します。木が大きくなると対応できなくなるため、あくまで幼木の防寒対策となります。

果実の防寒（袋かけ）

1～7月に収穫適期を迎える柑橘類は、寒さで果実が凍ったり、傷んだりしてす上がり（75ページ参照）を起こすおそれがあります。霜が降りるような地域では、市販の果実袋を11月にかけて、果実を寒さから守るとよいでしょう。

果実袋が家庭園芸用にも市販されている。柑橘用は少ないので、リンゴやナシのものを流用する。

これらの防寒は寒さがゆるむ2月下旬～3月上旬ごろに外す。

More Info

実つきが悪い場合の対処法

あなたの柑橘類の状態は以下のA〜Cのどれでしょうか。原因を突き止め、対策を施しましょう。

A　花が咲かなかった

次のどれに当てはまりますか？

- イ：若い苗木を植えて数年以内　→　❶へ
- ロ：落葉が多い　→　❷❸へ
- ハ：葉が変色して干からびている　→　❸へ
- ニ：枝葉が貧弱か、葉の色が薄い　→　❷❹へ
- ホ：太くて長い徒長枝が多い　→　❺へ
- ヘ：昨年はたくさん収穫できた　→　❻へ
- ト：剪定でバッサリと枝を切った　→　❺へ

B　花は咲いたがすぐに落ちた

次のどれに当てはまりますか？

- イ：若い苗木を植えて数年以内　→　❶へ
- ロ：落葉が多い　→　❷❸へ
- ハ：葉が変色して干からびている　→　❸へ
- ニ：枝葉が貧弱か、葉の色が薄い　→　❷❹へ
- ホ：太くて長い徒長枝が多い　→　❺へ
- ヘ：昨年はたくさん収穫できた　→　❻へ
- ト：剪定でバッサリと枝を切った　→　❺へ
- チ：人工授粉はしていない　→　❼へ
- リ：ハッサクなどを育てている　→　❼へ

C　果実はなったが収穫前に落ちた

次のどれに当てはまりますか？

- イ：落葉が多い　→　❷❸へ
- ロ：葉が変色して干からびている　→　❸へ
- ハ：枝葉が貧弱か、葉の色が薄い　→　❷❹へ
- ニ：太くて長い徒長枝が多い　→　❺へ

もっとうまく育てるために

❶ 購入した苗木が若すぎる

成木になって樹勢が落ち着くまで結実しません。例えば、棒苗なら植えつけから3年程度は収穫できません（82ページ参照）。

❷ 日常の管理が不適切である

以下の管理を見直して、改善しましょう。
- 日照不足　→　鉢植えの置き場（各月の鉢植えの置き場の説明）
- 水の過不足　→　水やり（各月の水やりの説明）
- 肥料の過不足　→　肥料（88〜89ページ参照）

❸ 低温に遭遇し、寒害が発生している

寒害で木が弱っています。防寒対策を施します（35、90〜91ページ参照）。

❹ 鉢植えが根詰まりを起こしている

鉢の中が古い根でいっぱいになっているので、養水分をうまく吸収できていません。植え替えをして新しい根が伸びる余地をつくりましょう（40〜41ページ参照）。

❺ 肥料の施しすぎや枝の切りすぎ

枝の伸びが盛んになりすぎて、果実に十分な養分が届かなかった可能性があります。枝が伸びすぎる原因として可能性が高いのが、肥料の施しすぎ（89ページ参照）や剪定での枝の切りすぎ（45ページ参照）です。

❻ 隔年結果している

果実がなりすぎると、その翌年は養分不足になり、実つきが悪くなる傾向にあります。摘果（60〜61ページ参照）して、適切な量を結実させると毎年の収穫量が安定します。

❼ 受粉できなかった

天候不順やその他の環境により、開花時にミツバチなどの昆虫の働きが鈍く、受粉できなかった可能性があります。人工授粉して確実に受粉させます（55ページ参照）。また、ハッサクやブンタンなどを育てている場合は、自身の花粉で受粉しても実つきが悪いので、受粉樹を植える必要があります（82ページ参照）。

93

More Info

食べ方

種類や品種によってさまざま

柑橘類は種類や品種が多彩ですが、食べる部位や果皮のむき方が異なります。食べ方には諸説ありますが、まずは定番の食べ方を知り、好みに合ったアレンジを加えましょう。

A 果皮ごと

果実を丸ごと食べる食べ方で、小果で果皮（フラベド）に甘みがある柑橘類に向いている。

例：キンカンなど

キンカンは果皮に甘みがあり、果肉には酸味があるので丸ごと食べる。

B 果皮をむいて小袋ごと

果皮を手や包丁などでむいてから、小袋（じょうのう）ごと食べる。小袋が柔らかい柑橘類に向いている。

例：ウンシュウミカン、ポンカン、キシュウミカン、タンカン、'不知火'、'南津海' など

白い綿や筋（アルベド）を取ってから食べることも多い。

C 果皮をむいて小袋もむく

Bと同様に小袋だけにしたあと、さらに小袋の膜（じょうのう膜）をむいてから食べる。小袋の膜が堅い柑橘類のほか、Bで小袋の膜が口に残って気になる人におすすめ。

例：ブンタン類、ハッサク、イヨカン、ウンシュウミカン、ポンカンなど

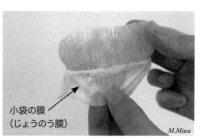

袋ごと口に含み、小袋の膜だけを出す人もいる。

もっとうまく育てるために

D　くし型切りなどにする

　包丁などを使ってくし型切りにして、果肉の部分を小袋ごと食べる。半分に切って、果肉をスプーンですくって食べてもよい。果皮がむきにくく、小袋の膜（じょうのう膜）が柔らかい柑橘類に向いている。

　例：'べにばえ'、'天草'、
　　　グレープフルーツ、
　　　スイートオレンジ類、'清見' など

上写真のような切り方をくし型切り（くし切り）という。

E　果皮を包丁でむいて切り分ける

　包丁などを使い、リンゴをむくように黄色の果皮（フラベド）だけをむき、白色の綿状の部位（アルベド）とともに果肉を切り分けてから食べる。果皮がむきにくく、アルベドの苦みが少なく、小袋の膜（じょうのう膜）が柔らかい柑橘類に向いている。

　例：ヒュウガナツ（日向夏）、'はるか'、
　　　キミカン、シトロンなど

アルベドには、整腸作用の高い食物繊維や抗酸化作用の高いヘスペリジンが含まれる。

F　果汁を搾るか、加工する

　酸味が強い柑橘類に向いた食べ方。果汁を搾って香りづけやジュースにするほか、ジャムやコンポート、砂糖漬け、ドレッシングなどにも加工できる。主に香酸柑橘類の利用法。

　例：レモン、ライム、ユズ、スダチ、
　　　カボス、シークワーサー、
　　　ブッシュカンなど

香りづけからジャムなど多彩。写真はレモンを用いたパスタ。

三輪正幸（みわ・まさゆき）

1981年岐阜県不破郡関ケ原町生まれ。千葉大学環境健康フィールド科学センター助教。専門は果樹園芸学および社会園芸学。「NHK 趣味の園芸」や「NHK あさイチ グリーンスタイル」の講師などをつとめ、果樹栽培を家庭でも気軽に楽しむ方法を提案している。
『NHK 趣味の園芸 よくわかる栽培 12か月 キウイフルーツ』（NHK 出版）、『剪定もよくわかる おいしい果樹の育て方』（池田書店）、『からだにおいしい フルーツの便利帳』（高橋書店）、『はじめての果樹づくり』（学研パブリッシング）、『小学館の図鑑 NEO 野菜と果物』（小学館）、『トロピカルプランツの育て方』（ブティック社）、『ひと目でわかる病害虫の症状・予防・対策』（ナツメ社）、『家庭でできるおいしい柑橘づくり 12か月』（家の光協会）など著書・監修書多数。

NHK 趣味の園芸
12か月栽培ナビ⑥

かんきつ類 レモン、ミカン、キンカンなど

2017 年 10 月 20 日　第 1 刷発行
2025 年 4 月 5 日　第11刷発行

著　者　三輪正幸
　　　　©2017 Miwa Masayuki
発行者　江口貴之
発行所　NHK 出版
　　　　〒 150-0042
　　　　東京都渋谷区宇田川町 10-3
　　　　TEL　0570-009-321（問い合わせ）
　　　　　　　0570-000-321（注文）
　　　　ホームページ
　　　　https://www.nhk-book.co.jp
印刷　　TOPPAN クロレ
製本　　TOPPAN クロレ

ISBN978-4-14-040279-5　C2361
Printed in Japan
乱丁・落丁本はお取り替えいたします。
定価はカバーに表示してあります。
本書の無断複写（コピー、スキャン、デジタル化など）は、著作権法上の例外を除き、著作権侵害となります。

表紙デザイン
岡本一宣デザイン事務所

本文デザイン
山内迦津子、林 聖子、大谷 紬
（山内浩史デザイン室）

表紙撮影
成清徹也

本文撮影
入江寿紀／上林徳寛／田中雅也／
筒井雅之／成清徹也／福田 稔／
福岡将之／丸山 滋／牧 稔人

イラスト
楢崎義信
タラジロウ（キャラクター）

校正
安藤幹江／高橋尚樹

編集協力
三好正人

企画・編集
上杉幸大（NHK 出版）

取材協力・写真提供
千葉大学環境健康フィールド科学センター／
アルスフォト企画／山陽農園／
日本マンダリンセンター／林 泰恵／
PIXTA／フラワーガーデン泉／三輪正幸